移动通信
室内覆盖工程

YIDONG TONGXIN SHINEI FUGAI GONGCHENG

戴泽淼 蔡正保 罗周生 魏聚勇 蒋志钊 黄丹◎编著

中国铁道出版社有限公司
CHINA RAILWAY PUBLISHING HOUSE CO., LTD.

内 容 简 介

本书全面地介绍了移动通信室内覆盖工程，同时分析了移动通信室内覆盖工程中所涉及的各种器件、勘测设计、系统规划设计以及相关案例。全书分为理论篇、实战篇、工程篇，主要内容有：室分系统概述、室分器件、室分系统建设的项目管理、室内覆盖勘测设计、室分系统规划设计、多系统共存设计、多场景室分设计、5G室分工程以及室分系统的建设施工、室分项目优化验收。

本书概念清晰、内容翔实、理论与实践紧密联系，重点突出实践，可作为普通高等院校通信类专业教材，同时也是一本应用性很强的移动通信室内覆盖参考读物。

图书在版编目(CIP)数据

移动通信室内覆盖工程/戴泽淼等编著.—北京：
中国铁道出版社有限公司，2022.7
面向新工科 5G 移动通信"十四五"规划教材
ISBN 978-7-113-29086-3

Ⅰ.①移… Ⅱ.①戴… Ⅲ.①移动通信-通信工程-高等学校-教材 Ⅳ.①TN929.5

中国版本图书馆 CIP 数据核字(2022)第 067959 号

书　　名：移动通信室内覆盖工程
作　　者：戴泽淼　蔡正保　罗周生　魏聚勇　蒋志钊　黄　丹

策划编辑：韩从付　　　　　　　　　　　编辑部电话：(010)63549501
责任编辑：贾　星　张　彤
封面设计：MXK DESIGN STUDIO
责任校对：苗　丹
责任印制：樊启鹏

出版发行：中国铁道出版社有限公司(100054，北京市西城区右安门西街8号)
网　　址：http://www.tdpress.com/51eds/
印　　刷：北京联兴盛业印刷股份有限公司
版　　次：2022年7月第1版　2022年7月第1次印刷
开　　本：787 mm×1 092 mm　1/16　印张：13.5　字数：335千
书　　号：ISBN 978-7-113-29086-3
定　　价：45.00元

版权所有　侵权必究

凡购买铁道版图书，如有印制质量问题，请与本社教材图书营销部联系调换。电话：(010)63550836
打击盗版举报电话：(010)63549461

编委会

主　任：
　　张光义　中国工程院院士、西安电子科技大学电子工程学院信号与信息处理学科教授、博士生导师

副主任：
　　朱伏生　广东省新一代通信与网络创新研究院院长
　　赵玉洁　中国电子科技集团有限公司第十四研究所规划与经济运行部副部长、研究员级高级工程师

委　员：（按姓氏笔画排序）
　　王守臣　博士，先后任职中兴通讯副总裁、中兴高达总经理、海兴电力副总裁、爱禾电子总裁，现任杭州电瓦特信息技术有限责任公司总裁
　　汪　治　广东新安职业技术学院副校长、教授
　　宋志群　中国电子科技集团有限公司通信与传输领域首席科学家
　　张志刚　中兴网信副总裁、中国医学装备协会智能装备委员、中国智慧城市论坛委员、中国香港智慧城市优秀人才、德中工业4.0联盟委员
　　周志鹏　中国电子科技集团有限公司第十四研究所首席专家
　　郝维昌　北京航空航天大学物理学院教授、博士生导师
　　荆志文　中国铁道出版社有限公司教材出版中心主任、编审

编委会成员：（按姓氏笔画排序）

方　明	兰　剑	吕其恒	刘　义
刘丽丽	刘海亮	江志军	许高山
阳　春	牟永建	李延保	李振丰
杨盛文	张　倩	张　爽	张伟斌
陈　曼	罗伟才	罗周生	胡良稳
姚中阳	秦明明	袁　彬	贾　星
徐　巍	徐志斌	黄　丹	蒋志钊
韩从付	舒雪姣	蔡正保	戴泽淼
魏聚勇			

序 一

全球经济一体化促使信息产业高速发展,给当今世界人类生活带来了巨大的变化,通信技术在这场变革中起着至关重要的作用。通信技术的应用和普及大大缩短了信息传递的时间,优化了信息传播的效率,特别是移动通信技术的不断突破,极大地提高了信息交换的简洁化和便利化程度,扩大了信息传播的范围。目前,5G通信技术在全球范围内引起各国的高度重视,是国家竞争力的重要组成部分。中国政府早在"十三五"规划中已明确推出"网络强国"战略和"互联网+"行动计划,旨在不断加强国内通信网络建设,为物联网、云计算、大数据和人工智能等行业提供强有力的通信网络支撑,为工业产业升级提供强大动力,提高中国智能制造业的创造力和竞争力。

近年来,为适应国家建设教育强国的战略部署,满足区域和地方经济发展对高学历人才和技术应用型人才的需要,国家颁布了一系列发展普通教育和职业教育的决定。2017年10月,习近平总书记在党的十九大报告中指出,要提高保障和改善民生水平,加强和创新社会治理,优先发展教育事业。要完善职业教育和培训体系,深化产教融合、校企合作。2022年1月召开的2022年全国教育工作会议指出,要创新发展支撑国家战略需要的高等教育。推进人才培养服务新时代人才强国战略,推进学科专业结构适应新发展格局需要,以高质量的科研创新创造成果支撑高水平科技自立自强,推动"双一流"建设高校为加快建设世界重要人才中心和创新高地提供有力支撑。《国务院关于大力推进职业教育改革与发展的决定》指出,要加强实践教学,提高受教育者的职业能力,职业学校要培养学生的实践能力、专业技能、敬业精神和严谨求实作风。

现阶段,高校专业人才培养工作与通信行业的实际人才需求存在以下几个问题:

一、通信专业人才培养与行业需求不完全适应

面对通信行业的人才需求,应用型本科教育和高等职业教育的主要任务是培养更多更好的应用型、技能型人才,为此国家相关部门颁布了一系列文件,提出了明确的导向,但现阶段高等职业教育体系和专业建设还存在过于倾向学历化的问题。通信行业因其工程性、实践性、实时性等特点,要求高职院校在培养通信人才的过程中必须严格落实国家制定的"产教融合,校企合作,工学结合"的人才培养要求,引入产业资源充实课程内容,使人才培养与产业需求有机统一。

二、教学模式相对陈旧,专业实践教学滞后比较明显

当前通信专业应用型本科教育和高等职业教育仍较多采用课堂讲授为主的教学模式,学生很难以"准职业人"的身份参与教学活动。这种普通教育模式比较缺乏对通信人才的专业技能培训。应用型本科和高职院校的实践教学应引入"职业化"教学的理念,使实践教

学从课程实验、简单专业实训、金工实训等传统内容中走出来,积极引入企业实战项目,广泛采取项目式教学手段,根据行业发展和企业人才需求培养学生的实践能力、技术应用能力和创新能力。

三、专业课程设置和课程内容与通信行业的能力要求多有脱节,应用性不强

作为高等教育体系中的应用型本科教育和高等职业教育,不仅要实现其"高等性",也要实现其"应用性"和"职业性"。教育要与行业对接,实现深度的产教融合。专业课程设置和课程内容中对实践能力的培养较弱,缺乏针对性,不利于学生职业素质的培养,难以适应通信行业的要求。同时,课程结构缺乏层次性和衔接性,并非是纵向深化为主的学习方式,教学内容与行业脱节,难以吸引学生的注意力,易出现"学而不用,用而不学"的尴尬现象。

新工科就是基于国家战略发展新需求、适应国际竞争新形势、满足立德树人新要求而提出的我国工程教育改革方向。探索集前沿技术培养与专业解决方案于一身的教程,面向新工科,有助于解决人才培养中遇到的上述问题,提升高校教学水平,培养满足行业需求的新技术人才,因而具有十分重要的意义。

本套书第一期计划出版15本,分别是《光通信原理及应用实践》《综合布线工程设计》《光传输技术》《无线网络规划与优化》《数据通信技术》《数据网络设计与规划》《光宽带接入技术》《5G移动通信技术》《现代移动通信技术》《通信工程设计与概预算》《分组传送技术》《通信全网实践》《通信项目管理与监理》《移动通信室内覆盖工程》《WLAN无线通信技术》。套书整合了高校理论教学与企业实践的优势,兼顾理论系统性与实践操作的指导性,旨在打造为移动通信教学领域的精品图书。

本套书围绕我国培育和发展通信产业的总体规划和目标,立足当前院校教学实际场景,构建起完善的移动通信理论知识框架,通过融入黄冈教育谷培养应用型技术技能专业人才的核心目标,建立起从理论到工程实践的知识桥梁,致力于培养既具备扎实理论基础又能从事实践的优秀应用型人才。

本套书的编者来自中兴通讯股份有限公司、广东省新一代通信与网络创新研究院、南京理工大学、黄冈教育谷投资控股有限公司等单位,包括广东省新一代通信与网络创新研究院院长朱伏生、中兴通讯股份有限公司牟永建、黄冈教育谷投资控股有限公司常务副总裁吕其恒、黄冈教育谷投资控股有限公司徐魏、舒雪姣、徐志斌、兰剑、李振丰、李延保、蒋志钊、阳春、袁彬等。

本套书如有不足之处,请各位专家、老师和广大读者不吝指正。希望通过本套书的不断完善和出版,为我国通信教育事业的发展和应用型人才培养做出更大贡献。

2022年1月

序 二

现今，ICT（信息、通信和技术）领域是当仁不让的焦点。国家发布了一系列政策，从顶层设计引导和推动新型技术发展，各类智能技术深度融入垂直领域为传统行业的发展添薪加火；面向实际生活的应用日益丰富，智能化的生活实现了从"能用"向"好用"的转变；"大智物云"更上一层楼，从服务本行业扩展到推动企业数字化转型。中央经济工作会议在部署 2019 年工作时提出，加快 5G 商用步伐，加强人工智能、工业互联网、物联网等新型基础设施建设。5G 牌照发放后已经带动移动、联通和电信在 5G 网络建设的投资，并且国家一直积极推动国家宽带战略，这也牵引了运营商加大在宽带固网基础设施与设备的投入。

5G 时代的技术革命使通信及通信关联企业对通信专业的人才提出了新的要求。在这种新形势下，企业对学生的新技术和新科技认知度、岗位适应性和扩展性、综合能力素质有了更高的要求。为此，2015 年在世界电信和信息社会日以及国际电信联盟成立 150 周年之际，中兴通讯隆重地发布了信息通信技术的百科全书，浓缩了中兴通讯从固定通信到 1G、2G、3G、4G、5G 所有积累下来的技术。同时，黄冈教育谷投资控股有限公司再次出发，面向教育领域人才培养做出规划，为通信行业人才输出做出有力支撑。

本套书是黄冈教育谷投资控股有限公司面向新工科移动通信专业学生及对通信感兴趣的初学人士所开发的系列教材之一。以培养学生的应用能力为主要目标，理论与实践并重，并强调理论与实践相结合。通过校企双方优势资源的共同投入和促进，建立以产业需求为导向、以实践能力培养为重点、以产学结合为途径的专业培养模式，使学生既获得实际工作体验，又夯实基础知识，掌握实际技能，提升综合素养。因此，本套书注重实际应用，立足于高等教育应用型人才培养目标，结合黄冈教育谷投资控股有限公司培养应用型技术技能专业人才的核心目标，在内容编排上，将教材知识点项目化、模块化，用任务驱动的方式安排项目，力求循序渐进、举一反三、通俗易懂，突出实践性和工程性，使抽象的理论具体化、形象化，使之真正贴合实际、面向工程应用。

本套书编写过程中，主要形成了以下特点：

（1）系统性。以项目为基础、以任务实战的方式安排内容，架构清晰、组织结构新颖。先让学生掌握课程整体知识内容的骨架，然后在不同项目中穿插实战任务，学习目标明确，实战经验丰富，对学生培养效果好。

（2）实用性。本套书由一批具有丰富教学经验和多年工程实践经验的企业培训师编写，既解决了高校教师教学经验丰富但工程经验少、编写教材时不免理论内容过多的问题，又解决了工程人员实战经验多却无法全面清晰阐述内容的问题，教材贴合实际又易于学习，实用性好。

（3）前瞻性。任务案例来自工程一线，案例新、实践性强。本套书结合工程一线真实案例编写了大量实训任务和工程案例演练环节，让学生掌握实际工作中所需要用到的各种技能，边做边学，在学校完成实践学习，提前具备职业人才技能素养。

本套书如有不足之处，请各位专家、老师和广大读者不吝指正。以新工科的要求进行技能人才培养需要更加广泛深入的探索，希望通过本套书的不断完善，与各界同仁一道携手并进，为教育事业共尽绵薄之力。

2022 年 1 月

前　言

　　移动通信室内覆盖是无线通信领域的一个重要分支。之所以重要,是因为人们在室内进行无线通信的要求非常强烈,话务比重较高,室内无线通信是运营商在无线通信战场上的战略高地。

　　室内覆盖是移动通信覆盖的一部分,仍然遵循无线通信的普遍规律。一条信息要经过信源编码、信道编码、调制等关键过程,才能从天线口发射出去;在接收端,天线收到的信号需要经过解调、信道解码、信源解码等过程,才能将原始信息恢复。

　　室分信源以上的网络结构和室外网络基本相同,其工程参数、无线参数的配置原理和室外网络相比差别不大;但由于在天线、馈线(天馈)部分采用了分布式结构,所以在工程参数规划设计的实战过程中,有其独特的地方。

　　不同制式射频侧的基本原理有所差别,采用的无线电波频率也不一样;在室分的天馈系统和室内的无线环境中传播,会有一些差别。但不同制式的室分规划设计和优化调整的原理和方法差别并不大,只是具体天线挂点、天线数目、走线路由等规划内容不太一样。

　　本书共分为三篇,具体内容如下:

　　理论篇包括项目一和项目二,介绍了室分系统的基础知识,包括室分系统的重要性、发展历程和趋势、市场格局和关键点等;室分系统的组成器件,如信源、射频器件和天线等。

　　实战篇包括项目三至项目八,主要介绍了室分系统的项目管理和规划设计。项目管理的内容包括项目建设流程和管理流程。规划设计的内容包括勘测设计、覆盖设计、容量设计、小区参数设计、切换设计和多系统共存设计等。室分系统设计的关键是天线数量、天线位置,这也是室分系统在实际项目中比较难落地的原因。目前由于多家运营商拥有多个制式,在室分系统天馈系统设计的过程中,还需要注意多系统共存的要求,多系统共存的关键点是干扰抑制(隔离度)和功率匹配,也就是保证系统间互不干扰,并且满足各自系统的覆盖质量要求。室内场景多种多样,每种场景虽然都遵循室分设计的共同原则,但都会有其独特的地方,结合室内覆盖的各种场景的特点进行规划设计非常重要。

　　工程篇包括项目九和项目十,项目九介绍了室分系统的建设施工,建设施工要遵循规划设计的方案,同时做到美观、可靠。这部分非常适合室分系统的规划设计单位和建设施工单位的读者阅读。项目十介绍了室分系统的收官流程:优化调整和项目验收。优化调整的思路和室外覆盖非常相似,在保证硬件系统没有问题、覆盖容量满足设计要求的前提下,解决室分系统中经常碰到的各种问题,如干扰控制的问题、切换失败的问题、业务质量低下的问题。在室分系统的验收环节,要明确运营商制定的室分系统验收标准,通过验收测试的结果和验收标准进行比对,得出验收通过与否的结论。这部分非常适合室分项目优化人员和验收员阅读。

本书重点介绍的是室分系统规划建设和优化调整的思路,有时会涉及具体无线制式的不同参数的取值,在选用的时候一定要注意其适用场景、具体特点,不要轻易照抄照搬。另外,本书选用了一些室分系统常用的公式,多是在理想条件下推出的,在一定的室内环境和一定无线制式下使用的时候,也需要结合具体情况。也就是说,本书不是手册类图书,而是思路方法类的图书;在实际应用的时候,思路和方法可以借鉴,但具体参数、具体公式的选用,还需具体问题具体分析。

无线制式有很多,不同无线制式的室分系统会有一些特殊的考虑。本书介绍的是各种无线制式都适用的一般性思路和方法,如果具体到某一种无线制式的内容,会作出明确的表述。

由于编者水平有限,书中难免存在疏漏与不足之处,恳请读者批评指正。

编 者

2022 年 3 月

目 录

理论篇 移动通信室分系统概述

项目一 室分系统 3
  任　务　初识室分系统 3

项目二 室分器件 15
  任务一　熟悉信源的选择 15
  任务二　认识直放站 21
  任务三　熟悉无线接入点（AP） 29
  任务四　认识信号传送器件 33
  任务五　了解室分天线 47

实战篇 室分系统的管理与规划

项目三 室分系统项目管理 59
  任务一　掌握室分系统建设的关键流程 59
  任务二　熟悉室分项目管理 64

项目四 室内覆盖勘测设计 70
  任　务　掌握室内覆盖勘测设计 70

项目五 室分系统规划设计 81
  任务一　了解室分系统规划设计目标 81
  任务二　掌握室内无线传播模型 83
  任务三　室内链路预算 87
  任务四　室内容量设计 98
  任务五　邻区、频率、扰码规划 105
  任务六　讨论切换设计 109

项目六　多系统共存设计 ·············· 114

　　任　务　学习多系统共存 ·············· 114

项目七　多场景室分设计 ·············· 129

　　任务一　商务写字楼与居民住宅室分设计 ·············· 129

　　任务二　分析大型场馆室分设计的关键要素 ·············· 133

　　任务三　校园室分设计 ·············· 136

　　任务四　商场与交通枢纽室内设计 ·············· 141

　　任务五　中兴 LTE 室分覆盖设备 ·············· 144

项目八　5G 室分工程 ·············· 154

　　任务一　学习 5G 室分业务需求 ·············· 154

　　任务二　认识 5G 室分面临的挑战 ·············· 156

　　任务三　室内 5G 网建设策略 ·············· 160

　　任务四　学习 5G 新型数字化室分系统 ·············· 166

工程篇　室分系统工程

项目九　室分系统的建设施工 ·············· 173

　　任务一　室分系统改造 ·············· 173

　　任务二　室分系统安装 ·············· 176

项目十　室分项目优化验收 ·············· 182

　　任务一　室内覆盖优化 ·············· 182

　　任务二　室分项目验收 ·············· 192

附　录　缩略语 ·············· 201

参考文献 ·············· 203

理论篇 移动通信室分系统概述

引言

随着城市里移动用户的飞速增加以及高层建筑越来越多,话务密度和覆盖要求也不断上升。这些建筑物规模大,对移动电话信号有很强的屏蔽作用。在大型建筑物的低层、地下商场、地下停车场等环境,移动通信信号弱,手机无法正常使用,形成了移动通信的盲区和阴影区;在中间楼层,由于来自周围不同基站信号的重叠,造成导频污染,手机频繁切换,甚至掉话,严重影响了手机的正常使用。另外,在有些建筑物内,虽然手机能够正常通话,但是用户密度大,基站信道拥挤,手机上线困难。

室内分布系统是针对室内用户群、用于改善建筑物内移动通信环境的一种成功的方案;是利用室内天线分布系统将移动基站的信号均匀分布在室内每个角落,从而保证室内区域拥有理想的信号覆盖。室内覆盖解决方案一方面可以改善和增强室内的覆盖效果;另一方面可以吸收话务量,缓解室外网络的容量压力。

学习目标

- 掌握室内分布系统基础理论知识。
- 掌握室内分布系统的组成、性能特点等。

知识体系

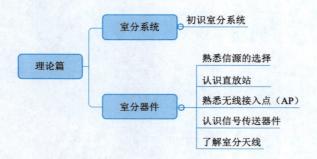

项目一

室分系统

任务 初识室分系统

任务描述

本任务主要介绍什么是室分系统,室分系统的重要性、使命以及发展历程与趋势。对于高大建筑、购物中心、高档写字楼、地下停车场等项目,如何解决室内覆盖这个突出的问题摆在了运营商面前,用户在室内使用手机的需求促使运营商越来越重视室内覆盖。

任务目标

- 了解:室分系统的重要性。
- 了解:室分系统的使命。
- 熟悉:室分系统的发展历程与趋势。
- 熟悉:室分市场格局。

任务实施

一、室分系统的重要性

夏日的中午,骄阳似火,分外刺眼。作为一个白领的你,快速走进公司的写字楼,光线适中,稍感舒适;走进大厅深处,突然照明系统故障,所有的会议室和封闭办公室都暗了下去,只靠室外的阳光无法满足室内办公环境的照明需求。这说明在结构复杂、面积较大、存在很多封闭空间的写字楼里,必须有自己单独的室内照明系统,否则写字楼里就会存在很多阳光照射不到的地方,进而影响办公效率。

可见光是一种频率很高的电磁波,室内照明系统是把可见光均匀地照射在复杂楼宇各处的系统,也是一定意义上的室分系统,只不过它"分布"的不是用于无线电波收发的天线,而是发射可见光的电灯。

无线室分系统也可以看作一种室内"照明"系统,只不过它"照明"的效果不像灯光一样可见,或者说是一种不可见的室内"照明"系统。室内分布系统(indoor Distributed Antenna System,iDAS),从字面上看,有"室内"(indoor)、"分布"(Distributed Antenna)、"系统"(System)3层含义。

首先,"室内"区别于"室外",室内分布系统(简称室分系统)和室外分布系统的最大区别在于使用场景的不同。于是有室内外天线的选型不同,天线的增益不同,天线的覆盖范围大小也不同,进而所需天线的布点数量也不相同。

室内场景一般是指酒店、写字楼、购物场所、大型场馆、车站、机场、地下停车场等有无线覆盖需求的场所,一般选用体积较小、增益较低的吸顶天线或板状天线;室外分布系统的使用场景一般是生活小区、城中村、别墅区、校园等场所,选用天线的增益较大,单天线覆盖范围也比室内的大,因而需要的 2 天线数量比相同面积的室内环境要少。

"分布"是相对于"集中"来说的。白天太阳升起,一个强度很大的"光源"照亮大地,可称为"集中";傍晚群星璀璨,可以看作无数强度不大的"光源"照亮夜空,可称为"分布"。

在无线通信系统中,室外宏站一个扇区的天线以较大的功率发射无线电波,可以覆盖数千平方米的区域;而在室内,由于楼层和隔墙的阻挡,室外宏站的信号无法深入室内,无法保质保量地覆盖室内空间,而需要"小功率天线多点覆盖"。也就是说,需要把小功率天线分布在室内多处,从而使无线信号均匀地覆盖到室内各处。无线通信系统的集中覆盖与分布覆盖示例如图 1-1-1 所示。

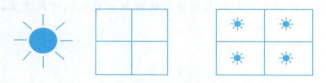

图 1-1-1 集中覆盖与分布覆盖示例

"系统"是相对于"个体"来说的。哲学上说,两者是辩证统一的,有三层含义:"系统"由多个"个体"组成;"系统"协调"个体"之间的关系,完成特定的功能;"个体"的作用通过"系统"发挥出来。组成室分系统的"个体"是完成各种功能的射频器件,包括 3 种类型:无线信号发生器件、无线信号传送器件、无线信号发射器件。也就是说,室分系统由信号源、传输器件、天线 3 大部分组成,如图 1-1-2 所示。信号源负责产生无线信号;传输器件负责把无线信号传送到天线;天线则负责把无线信号发射出去。

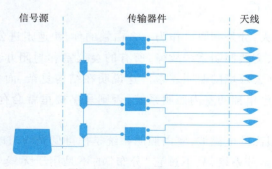

图 1-1-2 室分系统的组成

受新冠肺炎疫情冲击和"宅家"新生活模式等影响,移动互联网应用需求激增,线上消费异常活跃,短视频、直播等大流量应用场景拉动移动互联网流量迅猛增长,如图1-1-3所示。2020年,移动互联网接入流量达1 656亿GB,比2019年增长35.7%。2020年,移动互联网月户均流量(DOU)达10.35 GB/(户•月),比2019年增长32%;2020年12月DOU高达11.92 GB/(户•月)。其中,手机上网流量达到1 568亿GB,比2019年增长29.6%,在总流量中占94.7%,如图1-1-4所示。

图1-1-3　2015—2020年移动互联网流量及月户均流量(DOU)增长情况

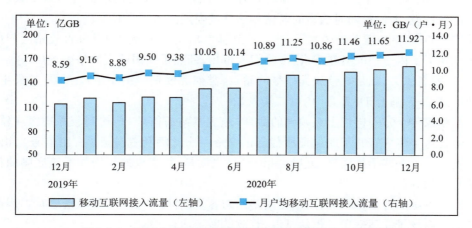

图1-1-4　2020年移动互联网接入当月流量及当月DOU情况

伴随5G业务种类持续增多和行业边界不断扩展,各种应用需求应运而生,如智能家居、智慧城市、AR/VR、自动驾驶、远程医疗、工业自动化、云应用、高可靠应用、超高清视频等。统计表明,目前超过80%的业务发生在室内场景。越来越多的业务发生在室内,如无线工厂、触觉互联网、移动AR/VR、同步视频等。业界预测未来超过80%的5G移动业务将发生在室内场景,因此,运营商室内移动网络能力至关重要。

二、室分系统的使命

室内覆盖既然这么重要,是不是任何室内空间都需要建设室分系统呢?回答自然是否定的。那么如何判断一个建筑内部是用室外宏站覆盖,还是专门建设室内覆盖系统呢?

这里需要把握两个基本点,即"盲点"和"热点","补盲补热"是室分系统的使命。

"盲点"是指通过室外宏站难以有效完成良好、全面、深度覆盖的大楼区域。什么样的大楼容易出现"盲点"呢?结构复杂、穿透损耗较大的楼宇,如大型办公楼、高级酒店、综合商场等;还有一些场景室外信号根本无法进入,如地下停车场、地下商场、地下游乐场所、室内电梯等。

"热点"是指无线用户密度相当大,业务质量要求相当高的室内区域,尤其是3G业务用户相对集中的地方,如大学校园、运营商营业厅、企事业单位集中办公楼等。这些场景不仅话务量大,而且高端用户较多,对运营商品牌的美誉度影响非常大。

"盲点"是室内场景覆盖角度的需求,"热点"则是室内场景容量角度的需求。专门的室分系统是解决重要区域的"盲点"和"热点"问题的必然选择。当然,"非盲非热"的室内场景就不需要进行室分系统的建设了。这些场景包括穿透损耗小、结构简单、重要程度很低、扁平结构的楼宇和低矮的居民住宅。

三、室分系统的发展历程

在移动通信系统发展的初期,室内区域的无线信号覆盖完全是由室外宏蜂窝来提供的。室外覆盖室内是最早实现室内覆盖的方法,同时也是最方便、最快捷的方法。因此,到目前为止,它仍然是绝大多数室内环境的主要覆盖方法。

做得越完美,人们的期望就越高。20世纪90年代末,伴随着GSM网络的逐步发展和完善,人们不再认为在电梯、卫生间里打不通电话是理所当然的,很多人选择了对网络质量进行投诉或抱怨。也就是说,人们对随时随地的通信需求日益强烈。

伴随着对GSM室内覆盖的强烈需求,直放站横空出世。作为国内首批直放站生产厂商,京信和虹信发现了室内通信的潜在需求,准确切入市场,催熟了我国的直放站市场。

直放站,顾名思义,就是直接放大信号的站点,类似无线信号的中继放大器,其最主要的功能是延伸覆盖,非常适合于"补盲"的覆盖场景。

直放站就像传令官一样把上级领导的命令(施主基站的信号)传送到较为边缘或较为封闭的区域。但是这个传令官并不能保证所传送的命令百分之百保持原意(有用信号),由于多种因素的影响引入了一些干扰因素(底噪会抬升)。也就是说,直放站用增加系统底噪的代价,换取了覆盖延伸的好处。

直放站并不增加容量,而是借用了施主基站的容量,有时甚至会降低系统容量。因此,在一些高话务的室内场景并不适用。也就是说,直放站并不适合"补热"。

但是,随着城市热点的日益增多,一些室内场景(如购物中心、会议中心、大型场馆、商务楼宇)的话务量增加迅猛,这些场景面临的不仅是覆盖问题,更多的是容量问题,于是微蜂窝技术应运而生。如果说宏蜂窝技术主要解决的是室外广域覆盖的问题,微蜂窝则是非常适合解决局部区域盲点和热点的一门技术。

"青,取之于蓝而青于蓝,冰,水为之而寒于水"。微蜂窝是在宏蜂窝的基础上发展起来的,在解决局部热点区域的容量问题方面比宏蜂窝技术更加切实可行。微蜂窝比宏蜂窝的发射功率小(GSM的微蜂窝一般在1 W以下),覆盖半径一般在100 m左右,相比宏蜂窝来说,允许更小的频率复用距离,增加了单位面积的可服务用户总数。作为无线覆盖的补充,微蜂窝一般用于宏蜂窝无法覆盖、但又有较大话务量的室内场景,也可以应用于密集城区的分层小区场景。

直放站和微蜂窝作为室内覆盖的信号源,技术上各有千秋。直放站不需要额外的基站设备和传输线路,安装简便灵活,成本较低,但会抬升系统底噪,降低系统的容量;微蜂窝覆盖范围小、发射功率低,大幅增加了系统容量,但是组网成本较高。

随着经济的发展,楼房越来越高,房屋面积越来越大,从信号源到各楼层分布天线的馈线长度要求越来越长,于是馈线的布线成本居高不下,馈线损耗也越来越大,很难满足远离信号源的楼层边缘处的覆盖需求。为了使无线信号能够均匀地到达各个楼层的各个角落,降低馈线使用的规模,迫切需要将信号源靠近天线安装。

射频拉远技术实现了这一点。一般来讲,无线基站由射频部分和基带部分组成,现在将射频部分和基带部分分别放置在两个物理实体中,即基带处理单元(Base Band Unit,BBU)和射频拉远单元(Radio Remote Unit,RRU)。整个室分系统实现基带资源池共享,射频拉远单元通过光纤拉远;一个基带处理单元可以通过光纤连接多个射频拉远单元,如图1-1-5所示。

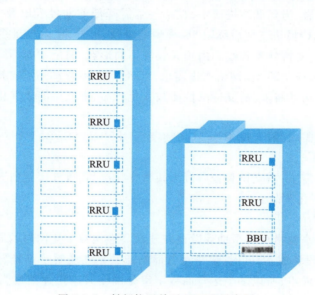

图1-1-5 射频拉远单元(RRU)示意图

射频拉远单元(RRU)可以设计得非常小,便于灵活安装。由于其使用光纤,传输损耗非常小,几乎可以忽略,而且布线方便,成本较低。

四、数字化室分产品演进趋势

1. 宽带化

为应对5G典型室内业务对移动网络的大带宽需求,如初级AR要求下行50 Mbit/s、入门级VR要求下行100 Mbit/s,5G网络需要以100 MHz带宽、4T4R配置为基础,才能保障足够的边缘体验速率和充分的容量增长潜力。

业务驱动网络的建设,更大带宽是5G网络最主要的特征,用户对业务体验和网络速率的要求越来越高。并且5G核心网的虚拟化为5G的部署提供了强有力的支持,以满足eMBB、URLLC和mMTC的技术要求。5G的接入能力是4G的百倍以上,海量机器类通信的应用支持、无上限的连接数密度的需求以及网络虚拟化后各数据中心之间的连接能力都将对传输带宽提出前所未有的挑战。

考虑未来AR/VR、4K/8K高清视频等大带宽业务大部分发生在室内,5G数字化室分产品向宽带化趋势进行演进势在必行。为了满足5G网络容量及用户速率,数字化室分需具备向100 MHz带宽以上及4×4MIMO演进的能力,未来能够匹配室内场景大容量的需求。

2. 多样化

室内产品数字化演进是大势所趋,5G数字化室分设备部署规模将明显提升,但多样化室内场景有多样化网络需求,5G数字化室分设备需支持多种形态。高价值、高流量大型场景以室内高性能产品为主,具备数字化运营,弹性扩容;容量需求适中的中小场景以室内中低性能产品为主;容量需求低的小微场景需要低成本的数字化室分产品。

4G和5G网络会在今后的相当一段时间内并存,这要求数字化室分产品需要具备多频多模的能力,例如用于5G网络叠加的C-band独立模块,支持新建场景的C-band + Sub3G集成模块以及将来的毫米波模块等。

从具体产品形态看,为降低演进成本,在某些亟需降低前期投入以及二次进场成本的特殊场景,宜要求部署的4G模块支持后续跟5G模块的级联;另外,室内场景多样化,数字化头端需要根据不同场景需求,支持外置天线和内置天线等不同形态,满足室内不同场景需求。

总的来看,面对多样化的5G网络演进需求,5G数字化室分产品需支持多种形态:

➤ 面向不同部署场景需求,需支持高性能数字化产品、中低性能数字化产品;低成本的数字化产品。

➤ 面向不同模式需求,需支持4G+5G多模数字化产品、5G单模数字化产品、支持级联4G的5G单模数字化产品。

➤ 面向不同天线需求,需支持具备内置天线数字化产品、可外接定向天线的数字化产品、可外接局部DAS的数字化产品。

3. 共享化

室内多运营商共享技术可以帮助运营商在建设高性能数字化网络的同时,获得更好的ROI(投资回报率),共享投资成本,同时,多个运营商站点共享还缓解了站址资源短缺的问题,降低物业协调难度和维护成本,所以多个运营商数字室分网络共享正逐渐成为5G室内网络建设的一个重要特性。

室分系统的共建共享可以两个或多个运营商合用一个分布系统,减少重复建设,节约成本,最大化系统的复用程度。目前国内多家设备厂商先后推出了室内数字化多运营商共享解决方案,依赖强大的全带宽能力,满足运营商超高速室内移动宽带建网和多个运营商共建共享等多种需求。

为响应"创新、协调、绿色、开放、共享"的发展理念,中国电信、中国联通已初步达成5G室内共建共享开展深度合作的意向,以避免重复建设,降低网络成本。

4. 融合化

室内网络更多使用室内产品部署,将极大抬升室内网络投资,因此需要为中低价值、中低容量、全数字化部署成本较高(如密集隔断)的场景寻求高收益比解决方案,将数字化方案与DAS融合、用DAS拓展数字化末端单元的覆盖边界,可以兼顾数字化方案与DAS方案的优点,提供了降低部署成本的一种选择,具体方案如图1-1-6所示。

室内一体化微RRU和扩展型微站,均可以在室内通过对末端射频单元/远端单元外接局部室内分布系统的方案,实现扩展末端单元覆盖能力、均化覆盖质量,尤其适用于隔断场景和中低容量需求的空旷场景,具体包含直接混合和数字化混合两种方案。

相比直接混合方案,数字化混合方案能够更完整地支持可视化运维、并具有更低的施工复杂度,可以更充分地兼顾数字化方案与 DAS 方案的优点。

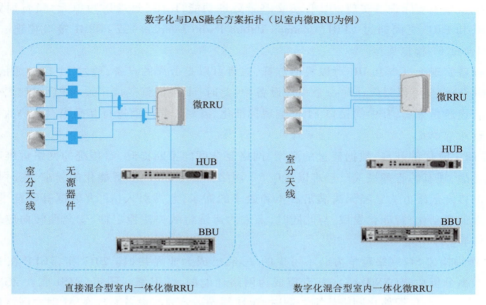

图 1-1-6　数字化与 DAS 融合方案拓扑(以室内微 RRU 为例)

5. 网管统一化

在 5G 数字化室分产品形态多样化的趋势下,随着 5G 网络设备的种类和数量增加,整个网络的复杂性日益提高,多厂商问题非常突出,特别是在 5G 时代,网络需具备快速部署和全网综合管理的能力,包括:集中监控、分析、优化,及时掌握全网运行情况并进行有效控制,从而提高运营商信息化管理水平,最终提高移动通信的服务质量和运营效益。

支持网络切片的编排与管理,是 5G 网管系统最重要的新功能之一。为客户提供一致化的服务体验等方面,也会面临异厂家切片技术互操作的挑战。尤其是在面向复杂的垂直行业应用场景时,甚至会出现不同子域的网络设备归属于不同的运营商的问题。实现 5G 端到端的统一网管,将垂直行业用户的具体业务需求映射为对接入网、核心网、传输网中各相关网元的功能、性能、服务范围等具体指标要求,有助于提供最优的业务体验和全局决策。

6. 接口标准化

5G 接入网架构在设计之初,相对于 4G 接入网而言,有了几个典型的需求:

(1)接入网支持 DU(Distributed Unit,分布式单元)和 CU(Central Unit,集中单元)功能划分,且支持协议栈功能在 CU 和 DU 之间迁移。

(2)支持控制面和用户面分离。

(3)接入网内部接口需要开放,能够支持异厂商间互操作。

(4)支持终端同时连接至多个收/发信机节点(多连接)。

(5)支持有效的跨基站间协调调度。

依托 5G 系统对接入网架构的需求,5G 接入网逻辑架构中,已经明确将接入网分为 CU (Central Unit,集中单元)和 DU(Distributed Unit,分布式单元)逻辑节点,CU 和 DU 组成 gNB 基站,其中,CU 是一个集中式节点,对上通过 NG 接口与核心网(NGC)相连接,在接入网内部则能够控制和协调多个小区,包含协议栈高层控制和数据功能;DU 是分布式单元,广义上,DU 实现射频处理功能和 RLC(无线链路控制)、MAC(媒质接入控制)以及 PHY(物理层)等基带处理功能;狭义上,基于实际设备实现,DU 仅负责基带处理功能,RRU(远端射频单元)负责射频处理功能,DU 和 RRU 之间通过 CPRI(Common Public Radio Interface)或 eCPRI 接口相连。CU 和 DU 之间通过 F1 接口连接。

在设备实现上,CU 和 DU 可以灵活选择,二者可以是分离的设备,通过 F1 接口通信;或者 CU 和 DU 也完全可以集成在同一个物理设备中,此时 F1 接口就变成了设备内部接口,CU-DU 无论是合设还是分离,其中间接口 F1 都实现标准化,有利于异厂商进行互操作以及协商。

7. 运维智能化

5G 商用时代的开启、数据流量的激增、网络复杂度的不断提升,给传统的网络运维工作带来巨大挑战,现有的管理模式已经难以适应 5G 网络部署全面云化、智能化的需求,同时依靠大量人工的传统运维方式已经无法满足成本和效率的需求,急需引入 AI、大数据等新技术,推动网络运维的自动化、智能化发展,与此同时,未来的运维将从关注稳定性、安全性转向应用需求和用户体验。

AI 作为构建 5G 网络竞争力必不可少的一环,已成为业界共识。2017 年,3GPP 在 R15 引入网络数据分析功能(NWDAF),其有望成为网络功能的 AI 引擎。同年,ETSI 成立 ZSM 工作组,旨在实现自动化智能化网络运维。同时,全球领先运营商与设备商也在 AI 助力网络领域强化合作。业界正在应用人工智能技术实现 5G 网络智能化。

5G 网络的智能化演进,是长期的系统性工程。随着 5G 商用进程的加速,5G 网络在各垂直领域的应用实践逐渐开花,人工智能对 5G 网络的助力效果极具想象力。伴随标准对 NWDAF 的完善,网络功能层次的智能化闭环将得以实现,利用 NWDAF 辅助实现切片的智能选择,利用 NWDAF 实现 QoS 的实时管控与优化,都将成为现实。而更高层次的智能化闭环,从洞察客户意图,到网络的自动创建、优化,也将成为可能。我们或将看到,只需对着交互终端说一句,计划某时间在某地举办一场赛事,网络就自动完成了该赛事所需 eMBB 切片的创建与激活。5G 智能网络的美好,值得畅想与期待。

8. 白盒化

基站白盒化是指基站侧设备采用开源软件+通用器件来代替传统专用设备,通用器件特点是"软硬件分离",可通过外部编程来实现各种功能,它的优点是产量大、成本低、灵活性高。目前 O-RAN 中讨论的白盒化基站,所说的通用器件不仅包括通用处理器,也包括 RRU 射频器件等,通过发布硬件参考设计,同时开放 BBU 和 RRU 之间的前传接口,利用核心器件的规模效应摊薄研发成本,从而通过硬件的白盒化降低接入网的综合成本。

目前,国外的白盒基站研究的应用场景包括宏基站和小基站,国内的白盒基站研究则聚焦在室内小基站领域,5G 时代伴随室内小基站的大量应用,将会带来无线网络建设与运维成本的巨大压力,因此低成本的白盒基站首先将聚焦在这一类场景。而小基站部署具有覆盖范围小、场景单一的特点,对设备性能指标要求较宏基站也将有所降低。

5G 基站的白盒化将使移动通信产业链由封闭逐步走向开放,有利于吸引一大批有创新能力的中小企业进入移动通信产业,进一步激活产业活力,重塑产业生态;同时也给电信运营商带来了新的机遇,使运营商可以更加快速高效低成本地提供新兴业务与应用,满足普通客户和垂直行业的各类特殊需求。

五、室分关键点

东汉末年,著名经学大师郑玄说:"举一纲而万目张,解一卷而众篇明"。室分的建设有没有这样一个总纲,只要把这个"总纲"举起来,其他的"网眼"就自然舒张开来?回答是肯定的。

室分系统的"总纲"就是"覆盖",要求"均匀覆盖""深度覆盖""立体覆盖""精确覆盖""随波逐流地覆盖"。要做到这些,并不容易。当举起室分系统"覆盖"这个纲的时候,舒张开的"网眼"会呈现出各种各样的问题,面临诸多挑战。

1. 均匀覆盖

大家希望无线信号均匀地覆盖在室内的各个角落,就像晚春清晨的阳光柔和地洒满大地,不多、不少,让人们舒畅自然地沉浸其中。但是当你想要实现室内均匀覆盖的目标时,经常会遇到物业准入的难题。有时候,安全问题、保密问题和装修问题都可能会成为物业或业主拒绝进楼施工的理由。一方面投诉你的网络信号不好,另一方面又阻止你建设施工,这是一个左右为难的事情。做点事业还真的很难,不是技术方面的难,而是做人方面的难。不过幸好,可以找一些可进行物业准入谈判的人员帮忙,省去了运营商物业谈判所费的周折。

物业准入以后,实现均匀覆盖的目标仍然困难重重,供电问题、走线问题也是室分系统建设经常会碰到的难题。室内配套设施改造量大,不能快速完成施工,可能被旷日持久地拖延下去。有的楼宇很难找到新的天线挂点和合适的 RRU 安装位置,甚至好不容易安装好的 RRU 一夜之间被闲杂人员拿走当废铁卖掉。一句话,室内信号均匀覆盖的技术难度不大,物业准入、配套设施、工程安装等非技术问题才是困难所在。

2. 深度覆盖

无线电波如果能够穿越重重障碍,到达大楼的各个角落,那么,实现楼宇的深度覆盖就不那么困难了。但很多大楼的主体采用钢筋混凝土结构,还辅以多种其他建筑材料(如玻璃幕墙),而且楼体结构复杂多样,存在大量独立的、相对封闭的空间(见图1-1-7),楼体的穿透损耗难以确定,单一手段难以实现深度覆盖。

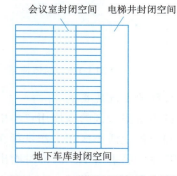

图 1-1-7 大楼深度覆盖困难场景

室内的无线传播环境非常复杂,无线信号的路径损耗(简称路损)的波动巨大,同一地点、不同时间,终端收到的无线信号强度变化较大,无主导小区现象比较普遍,深度覆盖困难。

3. 立体覆盖

在大中城市的商业密集区,高楼林立。伴随着不断刷新的楼高纪录,不断涌现的标志性建筑,平面覆盖的二维思维已经不再适应这一形势。小区的覆盖范围已不再是二维平面的概念,而是三维立体空间的概念,如图1-1-8所示。

立体地划分空间小区,需要考虑室内外的有机配合,高矮楼层的协调统一。密集城区立体覆盖的难处也正好体现于此:高矮楼层互相干扰,室内外难以配合;空间小区的覆盖范围难以控制,干扰控制难度较大;楼宇高层导频污染严重、窗边切换控制难度大;低矮楼层室内外切换、切换参数的调整难度大。

4. 精确覆盖

好不容易建设起室分系统,希望它能够很好地服务于室内的话务,同时不要对室外的通信质量造成影响。这就要求室分系统能够实现精确覆盖的目标:一方面能够很好地吸收室内话务;另一方面能够不泄露在室外,不要对室外用户造成影响。而目前来看,室内话务吸收的问题、室内信号泄露在室外的问题,恰恰是室分系统建设中的常见问题。

室分系统不吸收话务的问题,一般发生在楼宇高层,通常是由于室外信号太强,泄露在室内造成的,但本质上是室内外协同规划没有做好。信号外泄问题则常发生在楼宇底层,室内信号不规矩,跑到不该出现的地方,如室外的快速道路上,凡是过往车辆上的用户都会被它影响,掉话、接入失败等网络问题自然增多。室外信号飘入室内及室内信号外泄图示如图1-1-9所示。

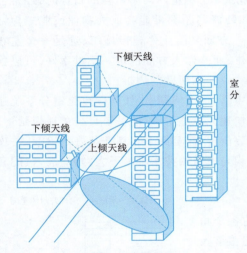

图1-1-8 立体覆盖

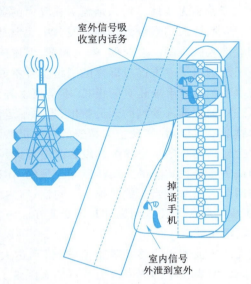

图1-1-9 室外信号飘入室内及室内信号外泄

5. 随波逐流地覆盖

城市密集城区的高楼用户集中、话务量大,但是各楼层之间话务并不均衡。密集城区重点大楼和居民生活小区在工作日存在明显的话务潮汐现象,密集城区的忙时一般出现在9:00~11:00,而居民生活小区的忙时则出现在20:00~22:00。

室内用户行为不确定性较大,随着通信发展,数据业务突发性、浪涌性增大。室内话务热点迁移速度快,如一个大公司的分部迁入写字楼的一层或者迁出写字楼的一层,对话务分布的影响非常大。上述种种原因就会导致室分系统的部分小区的话务拥塞和一些小区的利用率不足的情况同时存在。这就迫切要求室分系统提高自己的话务适应性,精确扩容、灵活划分小区、做到随波逐流地覆盖,如图1-1-10所示。

总而言之,实现室内环境的"均匀覆盖""深度覆盖""立体覆盖""精确覆盖""随波逐流地覆盖",不仅是室分系统建设的目标,也是室分系统建设的关键点和着眼点,实现过程中也会面临各种困难,表1-1-1进行了总结。本书将在后面的章节中

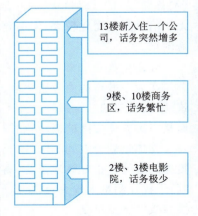

图1-1-10 随波逐流地覆盖

详细阐述克服困难、实现目标的思路和方法。

表 1-1-1 室内覆盖目标和实现难点

目　　标	实　现　难　点
均匀覆盖	物业准入困难、安装位置难以确定
	配套设施改造工程量大
深度覆盖	建筑材料复杂,封闭空间多、穿透损耗大
	室内的无线传播环境复杂,路损的波动巨大
立体覆盖	小区覆盖范围是三维立体的空间
	高矮楼层互相干扰,室内外难以配合
精确覆盖	室内话务吸收少
	室内信号外泄严重
随波逐流地覆盖	用户行为不确定性较大、话务潮汐、话务迁移现象严重
	数据业务突发性、浪涌性增大

任务小结

本任务主要学习室内分布概述,从介绍室内分布重要性着手,中间穿插其发展历程与趋势,最后着重突出室内分布的一些关键点。

※ 思考与练习

一、填空题

1. 室分系统由_____、_____、_____三大部分组成。

2. _____负责产生无线信号,_____负责把无线信号传送到天线,而天线则负责把无线信号_____出去。

3. 无线基站由射频部分和基带部分组成,现在将射频部分和基带部分分别放置在两个物理实体中,即_____和_____。

4. 室分系统的"总纲"就是"覆盖",要求"_____""_____""_____""_____""随波逐流地覆盖"。

5. 室分系统用到的技术方法有_____、_____、_____、射频拉远技术。

6. 室分系统的三大发展趋势为_____、_____、_____。

二、选择题

1. 以下关于无线信号覆盖技术的说法错误的是(　　)。

　A. 宏蜂窝比微蜂窝的发射频率大

　B. 直放站最主要的功能是延伸覆盖,其缺点是增加了系统底噪

　C. 微蜂窝覆盖范围小、发射功率高,增加了系统容量,组网成本较低

　D. 射频拉远技术实现了信号源靠近天线安装

2.3G 制式使用的频率一般都在(　　)左右。
　　A.2 000 MHz　　　　B.1 500 MHz　　　　C.1 000 MHz　　　　D.2 400 MHz
3.3G 室内覆盖需要的天线数目要多于(　　)G。
　　A.1　　　　　　　　B.2　　　　　　　　C.3　　　　　　　　D.4
4.均匀覆盖的实现难度不包括(　　)。
　　A.物业准入困难　　　　　　　　　　　B.安装位置难以确定
　　C.配套设施改造工程量大　　　　　　　D.用户行为不确定较大

三、判断题(正确用 Y 表示,错误用 N 表示)

1.(　　)室内外天线的选型不同,天线的增益不同,天线的覆盖范围大小也不同,进而所需天线的布点多少也不相同。

2.(　　)室外宏站一个扇区的天线以较大的功率发射无线电波,可以覆盖数千平方米的区域。

3.(　　)"盲点"是室内场景容量角度的需求,"热点"则是室内场景覆盖角度的需求。

4.(　　)多制式合路指的是新大楼应具备多个无线系统的统一接入点。

四、简答题

1.直放站和微蜂窝作为室内覆盖的信号源,简述各自的优缺点。
2.为什么说信源的小型化是室分系统的又一个发展趋势?
3.室内分布系统(简称室分系统)和室外分布系统的区别有哪些?
4.室分系统的使命是什么?请简要说明。
5.室分关键点有哪些?

项目二

室分器件

任务一　熟悉信源的选择

任务描述

本任务主要介绍信源中常见的器件，根据实际的需求分别阐述了其工作原理、作用、类型与特点。

任务目标

- 熟悉：根据实际环境进行信源的选择，信源器件的功能和信源器件的选择。
- 了解：信源输出功率与覆盖范围。
- 熟悉：信源载波数和支持的用户数。

任务实施

一、有源器件与无源器件

日常生活中可以接触到各种新闻媒体。遍布世界各地的记者把采访到的信息汇总到某新闻机构，该机构把收集到的信息进行分析和处理，然后通过媒体发行网络（报刊亭、广播、电视、网络等）发布到各地。这个新闻机构的信息采集网络和发布网络也是一个分布系统，由各种分支机构和多种形式的新闻收集和发布者组成，如图 2-1-1 所示。

这个新闻媒体的总部类似信源，只不过这个信源不是信号源（无线信号的接收、处理和发送），而是信息源（新闻信息的收集、处理和发布）。这里的"源"是指"信息源"或"信号源"，而不同于"有源、无源"的"源"（指"电源"）的含义。

认识事物可以从宏观到微观，也可以从微观到宏观；可以从一般到具体，也可以从具体到一般。在通信工程里认识一个系统比较好的方法是"大处着眼、小处着手"。也就是在对系统整体的特性、用途有个朦胧认识的同时，一个一个地掌握每个组成器件，反过来进一步强化对整体系统的理解。

组成室分系统的器件有很多种,可谓成分复杂、形态各异。每个器件各司其职,又彼此协作,共同成就室分系统无线信号覆盖的角色。项目一概要地介绍了室分系统,使大家对室分系统有了一个总体的认识;本项目采用分门别类和逐一展开相结合的方式来介绍室分器件,使大家对室分系统的组成细节有进一步的了解。

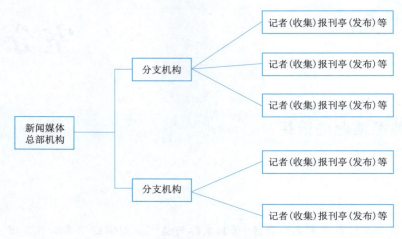

图 2-1-1　新闻机构分布系统

1. 移动通信中的有源器件与无源器件

室分器件从其在室分系统中的作用上讲,可以分为信号发生器件(信号源)、信号传送器件(功率分配器件、功率传送器件、功率放大器件)、信号发射器件(天线)。而从是否需要(电)源的角度,室分器件可以分为有源器件和无源器件。什么是"源"？有源器件和无源器件有什么区别和联系？

"源",英文为"Source",指事物发生的原始根由。也就是说,没有"源",该事物不可能发生。有源与无源的概念不仅在电学元器件中有,在机械、流体、热力、声学等领域也有。"源"在不同领域所指的具体事务是不同的,但"有源"物体的共同特点是必须在"源"的存在下才能表现其特性、功能、作用,不管这个"源"是外加的、还是内置的;"无源"物体的共同特点是不依靠外加或内置的"源"就能独立地表现出其特性、功能、作用。这里的"特性"是指描述器件输入和输出的某种关系量。

电子元器件中的"源"一般是指电源(直流或交流)。简单地讲,需要能(电)源才能表现出其特性、功能的器件是有源器件;无须能(电)源就能发挥其作用的器件是无源器件。在日常生活中,家里的音箱就有"有源""无源"之分。计算机的外接音箱一般是有源音箱,内置功率放大器(简称功放);而无源音箱不带功放,不用插电源,可直接使用。

器件是由元件组成的。无源元件主要是一些电阻类、电感类和电容类元件,只要有信号,无须在电路中加电源也可工作;有源元件一般是二极管、晶体管等,它们只有存在外加电源的时候才能发挥作用。

无源器件最基本的组成就是无源元件。室分系统的无源器件的作用有信号传输(如馈线)、功率分配(如功分器、耦合器)、通过集中信号的发射方向进行信号放大(如天线)等。

有源器件最核心的组成就是有源元件。有源器件一般用于功率放大(如直放站、干放即干线放大器)、信号变换(如信源)等。一切无线信号变换的功能,如振荡、放大、调制、解调等功能都离不开有源元件,因此有源元件是信源的核心组成部分,但一些其他的功能也需要无源元件的支持。

移动通信中常用的有源器件和无源器件见表 2-1-1。

表 2-1-1 常用的有源器件和无源器件

名称	信号发生器件	信号传送器件			信号发射器件
	信号源	功率放大器件	功率分配器件	功率传送器件	
有源器件	宏基站、微基站、RRU 直放站、AP	干放	—	—	—
无源器件	—	—	功分器、耦合器、电桥	合路器、衰减器、馈线、转接头、负载	天线

2. 基站信源

上级领导要求把一批货物派送到城里某一区域的每个居民家里。如果居民家门前的马路足够宽,可以开着大卡车把货送到门口;但是多数居民家门前的马路只够一辆小型货车进入,于是需要把货物分装在几个小型货车上;还有很多居民家门前是只能容纳一人进出的道路,只好用手推车把货物分发过去了。

大卡车携带的货物多(容量大),但是进出不方便,需要专门车道(宏蜂窝基站安装不灵活,需要专用机房);小型货车比大卡车灵活一些,但不如手推车方便(类似微蜂窝基站);而手推车进出灵活,无须宽大的道路(RRU 安装灵活),但所装货物有限(容量较小),并且不远处应该有存放货物的位置(类似于基带资源池)。

宏蜂窝、微蜂窝都是具备基站完整功能的信源,包括射频处理子系统和基带处理子系统两部分。射频处理子系统负责把数据信息调制成无线信号发射出去,同时负责把接收下来的经过滤波的无线信号解调成数据信息传给基带处理单元。基带子系统负责信道编解码、交织、扩频、加扰等处理过程。

一般来说,宏蜂窝基站支持的输出功率大,覆盖范围广,可支持的载波数、小区数较多,支持的话务量大,但对机房条件要求严格,安装困难;而微蜂窝基站和 RRU 体积较小,安装灵活,但支持的覆盖范围一般,载波数和小区数都较少。

在室分系统具体设计过程中,要知道不同厂家、不同制式、不同型号的基站的产品特性是不一样的,要查询各自的宏蜂窝、微蜂窝、RRU 的具体产品说明,了解其关键特性。

举例来说,某厂家的 WCDMA 宏基站的单载波机顶口最大输出功率为 46 dBm(40 W)(dBm 和 W 的对应关系见表 2-1-2,具体换算公式为:46 dBm = 10lg(40 W/1 mW))。一般导频信道的功率可设为单载波总功率的 1/10(该关系只限于 WCDMA 制式,其他制式有另外的关系),即 36 dBm(4 W);当每扇区双载波组网时,每载波最大输出功率降为 20 W,导频信道的功率可设为 33 dBm(2 W);当每扇区 4 载波组网时(这种宏蜂窝基站最大支持 4 载波),每载波最大输出功率只有 10 W,那么导频信道的功率则只能设为 30 dBm(1 W)。

该厂家的 WCDMA 的微基站最大输出功率为 10 W,最大支持两载波。单载波导频功率可设为 30 dBm(1 W),每扇区两载波组网时,导频信道功率可设为 27 dBm。还有一种微微基站,可以射频拉远,可称为 miniRRU,机顶口最大输出功率只有 250 mW(24 dBm),只支持单载波组网,导频信道功率可设为 14 dBm。

表 2-1-2　dBm 与 mW 和 W 的对应关系

0 dBm	1 mW	30 dBm	1.0 W
1 dBm	1.3 mW	31 dBm	1.3 W
2 dBm	1.6 mW	32 dBm	1.6 W
3 dBm	2.0 mW	33 dBm	2.0 W
4 dBm	2.5 mW	34 dBm	2.5 W
5 dBm	3.2 mW	35 dBm	3.2 W
6 dBm	4.0 mW	36 dBm	4.0 W
7 dBm	5.0 mW	37 dBm	5.0 W
8 dBm	6.0 mW	38 dBm	6.0 W
9 dBm	8.0 mW	39 dBm	8.0 W
10 dBm	10 mW	40 dBm	10 W
11 dBm	13 mW	41 dBm	13 W
12 dBm	16 mW	42 dBm	16 W
13 dBm	20 mW	43 dBm	20 W
14 dBm	25 mW	44 dBm	25 W
15 dBm	32 mW	45 dBm	32 W
16 dBm	40 mW	46 dBm	40 W
17 dBm	50 mW	47 dBm	50 W
18 dBm	64 mW	48 dBm	64 W
19 dBm	80 mW	49 dBm	80 W
20 dBm	100 mW	50 dBm	100 W
21 dBm	128 mW	60 dBm	1 000 W
22 dBm	160 mW		
23 dBm	200 mW		
24 dBm	250 mW		
25 dBm	320 mW		
26 dBm	400 mW		
27 dBm	500 mW		
28 dBm	640 mW		
29 dBm	800 mW		

二、信源输出功率与覆盖范围

信源的输出功率代表着该信源覆盖范围的大小。假若机顶口(即信源的功率输出口)的导频信道功率为 36 dBm,天线口导频信道设计的输出功率为 0 dBm(单天线的覆盖面积约为 300 m^2,计算过程在后面项目描述),那么它能覆盖多大范围的室内环境呢?

这里关键是求出这样的信源能够带多少个天线。假设从信源机顶口到天线口的所有损耗是 13 dB(包括馈线损耗、器件插入损耗和天线增益的综合结果),那么允许的天线分配损耗是:

$$(36-13-0)\text{dB} = 23 \text{ dB} \tag{2-1-1}$$

这里的分配损耗其实就是由于总资源分配成很多份,从而造成的每份资源相对总资源的差距。假若一个蛋糕切两半,每个人得到半个蛋糕,则分配损耗为 3 dB($10\lg 2$);10 个人分蛋糕,则分配损耗为 10 dB($10\lg 10$)。

假设有 x 个天线参与分配信源的功率,则有:

$$10\lg x = 23 \text{ dB} \tag{2-1-2}$$

于是 $x=200$,即该宏基站信源可以携带 200 个天线,可以覆盖的室内面积为 $200 \times 300 \text{ m}^2 = 60\ 000 \text{ m}^2$。

使用上面的 miniRRU 作室内信源时,机顶口导频信道功率为 14 dBm,天线口导频信道设计的输出功率还是 0 dBm。由于 miniRRU 体积小,便于靠近天线端安装,馈线损耗较小,可以只考虑 5 dB 的损耗,假设可以携带 y 个天线,则有下式:

$$(14-5-0)\text{dB} = 10\lg y \tag{2-1-3}$$

于是 $y=8$,即该 miniRRU 信源可以携带 8 个天线,可以覆盖的室内面积为 $8 \times 300 \text{ m}^2 = 2\ 400 \text{ m}^2$。

室内基站信源的机顶口功率大小和其覆盖范围的关系可以参考表 2-1-3。参考此表时需要注意以下几点:

(1)该表的天线口导频信道设计的输出功率是 0 dBm。

(2)不同厂家的宏基站、微基站、RRU、miniRRU 支持功率不一样,支持的载波数不一样,这里的输出功率只是 WCDMA 常见的数值。

(3)不同制式的导频信道功率和总功率的关系不一样,需要具体问题具体分析。

(4)不同大楼从机顶口到天线口的馈线损耗、器件的插入损耗不一样,过程损耗也不一样。

(5)不同室内环境下,同样的天线口输出功率,覆盖半径不一样,则覆盖面积也不同,这里统一按每个天线覆盖 300 m² 计算。

表 2-1-3 信源输出功率和覆盖范围示例

信源	宏基站			微基站		RRU	miniRRU
机顶口输出总功率/W	40			10		10	0.25
载波数/个	1	2	4	1	2	2	1
机顶口单载波功率/W	40	20	10	10	5	5	0.25
机顶口导频信道功率/dBm	36	33	30	30	27	27	14
考虑的过程损耗/dB	13	13	13	13	10	10	5
允许的分配损耗/dB	23	20	17	17	17	17	9
天线数目/个	200	100	50	50	50	50	8
覆盖范围/m²	60 000	30 000	15 000	15 000	15 000	15 000	2 400

三、信源载波数和支持的用户数

信源的载波数代表支持用户数数量。每扇区载波数越多,每载波输出功率越小,覆盖范围减少;但是每扇区支持的用户数将会增多,也就是支持的容量会增加。

描述一个宏基站的容量支撑能力的时候,一般用"扇区数×载波数"来表示,当一个载波对应一个小区的时候,这个式子的值一般相当于支撑的小区数(如果多个载波是一个小区,或者几个扇区是一个小区时,这个关系就不存在了)。

当一个宏基站支持 6 个扇区的时候,每个扇区最多 2 个载波,那么它支持的是 6×2 配置。这里,一个扇区的一个载波一般就是一个小区,即支持 12 个小区;当这个宏基站支撑 3 个扇区,每个扇区最大支持 4 个载波时,它支持的是 3×4 配置,也就是支持 12 个小区。假若在实际组网中,一个小区支持 64 个语音用户同时在线(非理论极限,是上行 50% 负载下的现网用户数),那么 12 个小区支持 700 多个语音用户,容量是相当大的。

而一些小的 RRU 只支持一个扇区,一个载波,也只支持 1 个小区,这样一个 RRU 支持的同时在线用户数一般为 50~60。

当谈到站点配置的时候,经常会看到"S222"或者"O6"这样的字样。"S"是"Sector"的意思,即该站点不止一个扇区,"S222"其实就是"3×2"配置,表示 3 个扇区,每个扇区 2 个载波。"O"是"Omnidirectional"的意思,即全向站,"O6"表示一个扇区,6 个载波。一般来说,室外站多为"S"站,室内站多为"O"站。但不能一概而论,在农村等空旷区域的室外站,也有很多"O"站;而在室内室外共享宏站基带资源池的时候,也有一些"S"站。

室内基站信源支持的配置和同时在线的用户规模的关系可以参考表 2-1-4。参考此表时需要注意以下几点:

(1)不同厂家的宏基站、微基站、RRU、miniRRU 支持的最大配置是不一样的,这里列出的配置只是 WCDMA 基站信源常见的配置。

(2)这里的一个扇区的一个载波就是一个小区,没有包括多载波一个小区或者多扇区一个小区的情况。

(3)不同制式的小区支持的同时在线用户数是不一样的,而且小区的理论极限用户数和实际现网支持的用户数不一样。这里一个小区支持的同时在线语音用户数按 60 个语音用户计算。此计算值只是一个参考,计算时需要考虑不同厂商、不同制式、不同设备、不同业务的实际支撑能力。

表 2-1-4 信源支持的配置和同时在线的用户规模

信源	宏基站			微基站		RRU	miniRRU	
支持的配置	6×2	3×4	2×3	1×1	2×3	1×2	1×2	1×1
支持的小区数	12	12	6	1	6	2	2	1
支持的同时在线语音用户数	720	720	360	60	360	120	120	60

四、信源的配套特征

信源的配套特征是室分设计的重要考虑因素。在选择和安装信源时一定要注意:要么让基站适应安装环境,要么让安装环境适应基站。除此之外,别无他法。

基站信源持续正常工作是需要一定的环境条件的,也就是强调基站和安装环境的协调统一。室内放置型基站要求机房具备一定的环境温度和环境湿度;室外安装型基站本身会配备适合基站稳定工作的、具有一定温度和湿度的机柜环境,所以一般比同类室内放置型基站要重一些。这样的基站,一般既可以工作在寒冷的西伯利亚,也可以工作在炎热的马来西亚。

设备的体积和重量是决定设备安装环境的重要因素。体积的描述采用"高×宽×深"的模式,单位是"mm³"。如某厂家的某型号宏基站的体积为"1 500×600×600",某型号微基站的体积为"600×300×300",某型号 RRU 的体积为"480×340×135"。在室分系统设计的过程中,确定信源的安装空间时一定要注意设备的体积。

宏基站的重量一般因站型配置的不同而不同,比如说满配置时某宏基站可达 200 kg,而空机柜只有 120 kg;微基站的重量为 30~90 kg;RRU 的重量一般小于 30 kg。基站设备的重量是选择安装条件时必须考虑的,宏基站由于较重,必须在具备相应承重条件的机房落地安装;而微基站和 RRU 一般可以挂墙安装。

站点安装后无法开通的两个主要原因是供电问题和传输问题。

供电要求是安装基站必须考虑的,要考虑信源是只支持 DC 48 V 的供电,还是可以支持 AC 220 V 的市电供电。另外,基站耗电是电信运营商能耗的重要方面,关系到节能减排的环保目标。在选择信源时,一定要选择功放效率高,能耗较少的基站。

一般的基站只支持光传输或电传输(E1),在一些室内场景中,面临的传输问题一般是传输不到位、传输故障、传输带宽不足(尤其是话务热点区域)等。在设计室分站点的时候,要先确定传输是否到位,是否正常,是否足够。

任务小结

通过本任务来认识通信源器件:有源与无源,并了解信源的特性,突出输出功率与覆盖范围、载波数和支持的用户数的关系。

任务二 认识直放站

任务描述

本任务主要介绍直放站,根据实际的需求分别阐述了直放站工作原理、作用、类型与特点。

任务目标

- 了解:直放站的工作原理、作用、类型和特点。
- 学习:直放站的类型划分以及在不同场景的应用。
- 熟悉:直放站的常见指标。

任务实施

一、直放站的本质

在旅游景点经常看到导游拿着扩音器给游客介绍景点。扩音器的作用是把导游的声音传到更远的地方或者更大的范围,并不增加或减少说话的内容,也不能代替导游。

基站和直放站的关系就好像电视台和微波站的关系,如图 2-2-1 所示。电视台提供电视节目(类似基站提供容量),微波站负责中继传送。微波站只是把广播电视信号传到更远的地方去(覆盖范围),并不能增加电视节目(容量)。

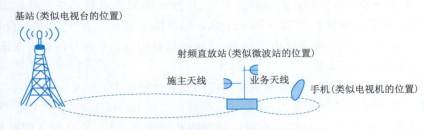

图 2-2-1　基站和直放站的关系

直放站的本质体现在"放"字上,和塔放、功放、低噪放、干放一样,是一种射频信号功率增强设备,即无线信号放大设备。直放站区别于其他"放"的特性在于它是一种无线信号发射中转设备,也可以称为中继器,其功能非常类似于广播电视系统中的微波站(作为中继站,可以把电视信号传到比较偏远的地方)。

综上所述,直放站有两个特性:信号放大和信号中转。其实没有信号放大的功能,就没有信号中转的作用,信号中转的本质仍然是信号放大。

直放站的工作原理可用 3 个词概括,即接收、放大和发射。在下行链路中,直放站从基站的覆盖区域中拾取(接收)信号,将经过带通滤波(过滤带外的噪声)后的信号放大,然后把信号发射到补盲目标区域的手机,从而实现信号从基站到手机的传送。在上行链路中,直放站接收其目标覆盖区域内的手机的信号,经过滤波放大,然后把信号发射到基站,从而实现手机到基站的信号传送。

从上面的描述中可以看出,直放站的核心组成部分是接收单元、滤波器、放大器和发射单元,如图 2-2-2 所示。

图 2-2-2　直放站的核心组成部分

在直放站的工作过程中,一方面要从基站覆盖区接收信号,另一方面又要给基站发射信号。也就是说,在基站覆盖区域内,直放站既要接收,又要发射,这个功能由直放站的施主天线完成;在直放站自己的覆盖区域内,既要接收手机的信号,又要给手机发射信号,这个功能由直放站的业务天线完成。直放站的施主天线和业务天线既是接收单元,又是发射单元。

直放站工作的时候,既存在从手机到基站的上行信号,又存在从基站到手机的下行信号。上下行的处理功能在一个物理实体中,因此需要双工合路器,以便把天线接收下来的信号和天线要发射出去的信号分开或者合起来(从直放站的天线往直放站的方向看,上下行信号是分开处理的;从直放站往其天线方向看,上下行信号是要合起来的,天线既要接收又要发送)。

直放站接收下来的无线信号,一般来说,信号强度比较小,无法直接进行滤波(滤波器认为信号太小),也不能直接进行放大(引入的噪声相对信号来说会被放得过大),在滤波放大之前必须引入低噪放器件。低噪放,是噪声系数很小的放大器,作用是放大有用信号,并尽可能地抑制噪声。

综上所述,直放站的内部组成如图 2-2-3 所示。

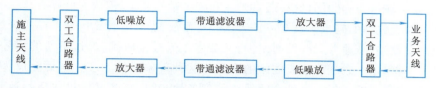

图 2-2-3　直放站的内部组成

二、直放站的类型

上面描述的直放站是典型的射频直放站。定义直放站是"射频(Radio)"的,是从施主基站和直放站传送信号的方式来说的。射频传输方式是无线传输方式。有"无线",就有"有线"。"有线"的传输方式就是从基站和直放站通过光纤来传送信号,这就是光纤直放站,如图 2-2-4 所示。光纤直放站由两部分组成,和基站相连的是光纤直放站近端,下行方向完成从射频电信号到射频光信号的转换,上行方向完成射频光信号到射频电信号的转换;光纤直放站远端通过光纤和近端相连,下行方向完成射频光信号到射频电信号的转换,上行方向完成从射频电信号到射频光信号的转换;业务天线完成手机无线信号的接收和基站传来的无线信号的发射。

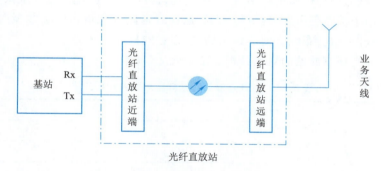

图 2-2-4　光纤直放站示意图

一个事物会有很多属性,看待一个事物可以从很多角度出发。现实生活中很多人认识事物存在分歧,主要原因就是看问题的角度不同。

认识直放站也一样,除了从传输方式来给直放站分类外,还可以从带宽范围的角度、从无线制式的角度、从安装场所的角度出发认识直放站。

从带宽范围来分,直放站有宽带直放站和窄带(选频)直放站。宽带直放站对整个频段内的信号都进行放大,很容易给其他小区带来干扰。窄带直放站引入系统的干扰比宽带直放站少,能够提高无线信号的传送质量,但由于同时支持的频点有限,施主小区的频点更改后,直放站的频点也需要调整,使用非常不方便。

从信号处理的方式,直放站可以分为模拟直放站和数字直放站;从无线制式的角度来看,直放站可以分为 GSM 直放站、CDMA 直放站、WCDMA 直放站和 TD-SCDMA 直放站、5G 直放站等;从安装场所的角度来看,直放站可以分为室外型直放站和室内型直放站。

三、射频直放站和光纤直放站

射频直放站和光纤直放站最显著的不同当然是传输方式的差别,射频直放站通过无线的方式传播,不需要传输媒介;光纤直放站通过光纤和施主基站联系,需要光纤媒介。

假若把射频直放站的施主天线和业务天线面对面放置,会有什么问题?施主天线接收到的无线信号经过直放站,从业务天线发射出去,又被施主天线接收到,经过不断的信号环回,形成对有用信号的干扰,这一过程称为直放站的自激。这种现象就像开多方电话会议,大家都没有把送话器静音,大家说的话经过电话会议系统传到各地,然后声音又经过送话器返回电话会议系统,回音不断放大,进而形成噪声,干扰正常开会。

由于有自激现象的存在,在施工安装时,射频直放站的施主天线和业务天线需要满足空间隔离度要求,即方向上尽量背对背,千万不要面对面,哪怕照面都不行。光纤直放站不存在施主天线,也不会有自激,所以不存在隔离度要求。

由于射频直放站的施主天线和业务天线隔离度要求,为避免自激,需要采用定向天线;光纤直放站无隔离度要求,除使用定向天线外,还可以使用全向天线。

光纤直放站的光纤中传送的是射频信号,额外增加了两次模拟的光电转换,给系统带来新的噪声,对无线信号质量有一定的影响。射频直放站不存在光电的转换,没有由于光电相互转换而引起的噪声。

射频直放站采用无线的传输方式,施工方便、成本低、进度快,但传送距离有限。光纤直放站采用光纤作为传输媒介,传输损耗小,传送距离远,但成本较高,施工较为复杂,工期略长。射频直放站主要应用于楼宇阴影区、地下封闭区、地铁或道路狭长地带的无线覆盖。光纤直放站主要应用于光纤资源充足,布线方便的室内场景、边远农村或山区。

射频直放站和光纤直放站的对比分析总结见表 2-2-1。

表 2-2-1 射频直放站和光纤直放站的对比分析

名称	射频直放站	光纤直放站
传输方式	无线	光纤
自激现象	有	无
隔离度要求	有	无
天线要求	定向	定向、全向
光电转换	无	存在两次
施工	方便	略复杂
成本	较低	略高
应用场景	楼宇阴影区、地下封闭区、地铁或道路狭长地带	光纤资源充足,布线方便的室内场景、边远农村或山区

四、直放站和射频拉远单元(RRU)

厂家直销产品是指用户直接从厂家购买产品,没有中间环节,避免了中间环节引入对交易的影响,但是由于厂家的销售能力有限,产品的市场覆盖范围不会很大。为了增加市场覆盖范围,可使用两个手段:一是建立更多的直销机构,直销机构属于厂家的一部分(相当于 RRU,

RRU本身是基站的一部分);二是寻找中间商代理,中间商不属于厂家的内部机构(直放站不是基站的一部分,它只是基站的代理者),相当于在用户和厂家之间存在一个第三方,在一定的市场范围内,要想完成交易,必须通过这个第三方,虽然产品的市场覆盖范围扩大了,但也引入了市场的干扰环节(引入了噪声,系统底噪抬升)。

直放站不属于基站的一部分,它是基站功能的代理,但没有取得全权代理资格,只代理了"覆盖",没有代理"容量"。也就是说,直放站完成"信号放大"和"信号中继"的作用,延伸了基站的覆盖范围,却不能为施主基站减缓"容量需求"的压力,甚至由于引入了额外的噪声,降低了施主基站的容量。

RRU是基站的一部分,和BBU一起完成基站的全部能力。RRU也可以从宏基站进行射频拉远来延伸基站的覆盖范围,但不能算是基站的"代理",而是基站在某一地区的"直销机构"。RRU本身进行射频信号的处理,除了无线信号的接收和发射(这一点直放站也具备)外,还要完成模/数(A/D)、数/模(D/A)转换,数字上、下变频,调制、解调等射频处理功能,如图2-2-5所示。也就是说,RRU为系统提供新的容量。

滤波	滤波	数/模、数/模转换
放大	放大	数字上、下变频
射频接收发送	射频接收发送	调制、解调
直放站的主要功能模块	RRU的主要功能模块	

图2-2-5 直放站和RRU的主要功能模块对比

总结一下,直放站和RRU在覆盖特性上相似,其覆盖范围受限于输出功率的大小。但从容量特性上比较,二者却截然不同。直放站不提供容量;而RRU是基站的有机组成部分,能够为系统提供容量。

从设备安装特性上看,RRU与光纤直放站类似,都使用光纤将设备拉远。也就是说,能够安装光纤直放站的地方,RRU肯定能够安装。但二者光纤中传送的信号并不相同,如图2-2-6所示。RRU是数字信号的射频处理节点,光纤中传送的是数字中频信号,其标准接口为通用公共无线接口(Common Public Radio Interface,CPRI);而光纤直放站和施主基站之间的光纤传送的是射频信号。

图2-2-6 光纤直放站和RRU的比较

由于RRU和BBU之间传送的是数字中频信号,对系统来讲,没有额外的噪声增加;直放站是对模拟射频信号的再处理,光纤直放站还进行了光电的两次转换,引入了额外的噪声,从而增加了系统的底噪。

从可维护性和监控性的角度来讲，RRU是基站的一部分，可以和基站一起监控、维护；而直放站的可维护性和监控性比RRU差很多，直放站一旦出现问题，不但不易被发现，而且难以定位问题。

从对网络性能的影响来讲，直放站的引入扩大了覆盖范围，提高了网络的覆盖概率；但由于抬升了系统的底噪，降低了系统的接收灵敏度，从而增加了手机的发射功率，导致手机耗电增加；增加了系统干扰，导致接入失败增加，掉话率增加，网络的整体性能会有影响。RRU的引入不但增加了覆盖范围，而且增加了网络容量，不会引入新的噪声，对网络性能没有影响。

但从成本上讲，直放站还是有很大的优势，尤其是射频直放站，成本比RRU少很多。

直放站和RRU的对比分析总结见表2-2-2。

表2-2-2 直放站和RRU的对比分析

名称	直放站	RRU
和基站的关系	不属于基站	是基站的射频部分
主要功能	射频接收发送、滤波、放大	射频接收发送、滤波、放大；数/模、模/数转换；数字上下变频；调制、解调
覆盖特性	延伸覆盖	延伸覆盖
容量特性	不增加系统容量	增加系统容量
安装特性	射频直放站无须光纤资源	和光纤直放站类似
光纤内的信号	射频信号	数字中频信号
噪声引入	引入新的噪声	不引入噪声
可监控性、可维护性	较差	和基站一起监控、维护
对网络性能的影响	有一定影响	无
成本	较低	较高

五、直放站的常用指标

一个人的工作水平有两个境界：一是达到了"做得到"的境界；二是达到了"做得好"的境界。衡量"做得到"的方法是看他的核心工作是否会做，衡量"做得好"的方法是看工作的质量、效果。

直放站的核心工作是放大无线信号，实现无线信号的中继转发。衡量直放站是否能够"做得到"自己的核心工作的指标是最大输出功率是多少（决定了直放站的覆盖范围），额定增益是多少，它的工作频段和工作带宽是多少。衡量直放站"做得到"的指标称为直放站工作指标。

直放站在完成核心工作的时候，尽量不要引入新的噪声、不要对网络性能造成影响，这就要求直放站的核心工作要"做得好"，完成得漂亮。衡量直放站是否能优质地完成工作的指标有：杂散辐射水平、交调抑制能力、带外抑制水平、噪声系数等指标。衡量直放站"做得好"的指标称为直放站性能指标。

1. 直放站工作指标

最大输出功率，是决定直放站覆盖特性的最重要的指标，是直放站线性范围的最大工作点所对应的输出功率。直放站最核心的组成部分是功放。功放最重要的使用特性是必须在线性范围内工作，超出了线性范围，将逐渐进入饱和区，这样功放的输出不能线性地反映输入的变化,存在一定的信号失真。

如何找到直放站的线性范围?

一般是远离饱和区的一个范围。准确地定义这个范围需要了解两个概念:1 dB 压缩点和功率回退。随着输入信号功率的增加,输出信号功率也线性地增加;当输入信号增加到一定程度的时候,直放站离开线性范围,输出信号功率增长的幅度比按线性规律增长的幅度要小一些,逐渐进入直放站的饱和区。

当输出信号功率增长幅度比按线性规律增长的幅度小 1 dB 的时候,正式进入饱和区,这一点称为 1 dB 压缩点。1 dB 压缩点可以看成是线性范围和饱和区的临界点。但是直放站最好不要工作在这个临界点,因为输入信号稍微变化,输出信号就进入饱和区,导致信号失真。最好的方法是远离这个临界点,即功率回退。

直放站最大输出功率可以定义为直放站 1 dB 压缩点功率回退 6～11 dB 的点。举例来说,室外宽带直放站最大输出功率一般在 33 dBm(2 W);GSM 制式的室外选频直放站两个选频信道时,每载波的输出功率一般在 30～33 dBm(1～2 W)之间;4 个选频信道时,每载波的输出功率会降低 3 dB;室内宽带直放站最大输出功率一般不大于 17 dBm(50 mW)(我国无线电管理委员会和信息产业部的室内电磁环境健康标准)。

额定增益,是指直放站在线性范围内,最大输出电平对最大输入电平的放大程度。假若直放站的额定增益为 $G(dB)$,直放站的输入功率为 $P_{in}(dBm)$,输出功率为 $P_{out}(dBm)$,则有下式:

$$G = P_{out} - P_{in} \tag{2-2-1}$$

额定增益达到最大值时的直放站输出,称为满增益输出。

直放站额定增益分上行增益和下行增益,两个增益可以分开调节,一定要保证上下行无线链路的平衡。额定增益不能太低,也不能太高。太低了,输出功率无法满足覆盖要求;太高了,产生过多的噪声,影响施主基站的覆盖质量。

一般来说,GSM 室外射频直放站的额定增益一般为 80～95 dB;室内射频直放站的额定增益一般比室外射频直放站设置得低一些,为 50～70 dB。GSM 室外光纤直放站的传输损耗较小,容易得到较高的输出功率,额定增益可以比室外射频直放站设置得低一些,设为 45～65 dB 即可。

工作频段,是指直放站发挥信号放大和信号中继作用的频率范围。直放站无失真地放大、转发这个频率范围内的信号,对这个频率范围外的信号进行过滤或抑制。直放站的工作频段也分上下行。如某移动 GSM 直放站的上行工作频段为 890～909 MHz,下行工作频段为 935～954 MHz。

工作带宽,是指直放站在实际工作中,并不是在整个频段内都保持一样的增益,而是在和无线信号带宽相匹配的频率范围内保持一定的增益。一般是无线信号的中心频点处增益最大,越往无线信号的中心频点的两侧,增益越低;在无线信号的带宽之外,增益迅速降低,从而保证带宽范围内的无线信号被放大,而无线信号带宽范围外的干扰被有效抑制。

准确地定义一下,直放站的工作带宽(Band Width,BW)是指增益比中心频率的峰值下降 3 dB 时所对应的频率范围。中心频率可在工作频段内变动,但工作带宽不能超出工作频段的范围。有些直放站的中心频率和工作带宽可以根据需要在工作频段内变动。

宽频直放站的工作带宽一般为 2～19 MHz,GSM 选频直放站的工作带宽,即 GSM 载波信号的带宽为 200 kHz。

2. 直放站性能指标

杂散辐射水平，是指直放站在工作过程中，由于系统的非线性，产生了影响系统工作的电磁辐射，一般都是工作带宽范围外的电磁谐波分量。这样的杂散辐射越小越好。举例来说，根据相关标准，GSM 900 MHz 的射频直放站，带外杂散辐射水平要小于 –36 dBm；GSM 1 800 MHz 的射频直放站，带外杂散辐射水平要小于 –30 dBm。

互调抑制比，是指载波信号的功率与系统产生的互调干扰信号的功率电平之比，是衡量直放站抑制互调干扰能力的指标。

两个或多个频率的无线信号，由于直放站的非线性，相互调制可以产生互调干扰（InterModulation）。一般来说，互调产物主要是三阶互调产物（IM3）。假若载波信号功率为 P_0（dBm），三阶互调产物的功率为 IM3（dBm），互调抑制比为 IMD（dBc），如图 2-2-7 所示，则有下式：

$$\text{IMD} = P_0 - \text{IM3} \qquad (2\text{-}2\text{-}2)$$

根据相关要求，当额定增益调到最大时，GSM 900 MHz 的直放站，带内 IMD 大于 70 dBc；GSM 1 800 MHz 的直放站，带内 IMD 大于 50 dB。

带外抑制度，是指直放站对工作带宽外无线信号的抑制程度。如图 2-2-8 所示，中心频率为 f_0，此处对应的直放站增益为 G；中心频率两侧直放站增益下降 3 dB 的频率范围（下限 f_1，上限 f_2）就是工作带宽（BW）；直放站在工作带宽外的某处（$f_1 - \Delta f, f_2 + \Delta f$）的增益为 G'。那么，带外抑制度 $= G - G'$。

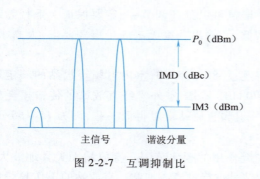

图 2-2-7 互调抑制比

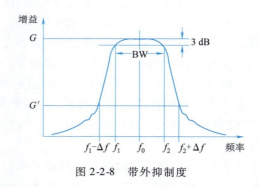

图 2-2-8 带外抑制度

举例来说，GSM 直放站的增益 G 为 90 dB，假设 $\Delta f = 5$ MHz，根据相关直放站的规范要求，在带外 5 MHz 处的抑制度应大于 60 dB。也就是说，在 $f_1 - \Delta f$ 和 $f_2 + \Delta f$ 处的增益 $G' < (G - 60)\text{dB} = 30$ dB。

无线信号通过直放站后，直放站本身产生的噪声会使原无线信号的信噪比变差。噪声系数（Noise Factor，NF），是衡量无线信号通过直放站后信噪比变差程度的指标。

直放站输入端的信噪比 $(S/N)_\text{in}$ 与输出端信噪比 $(S/N)_\text{out}$ 的比值，就是噪声系数。用 dB 表示的 NF 如下：

$$\text{NF} = 10\lg \frac{(S/N)_\text{in}}{(S/N)_\text{out}} \qquad (2\text{-}2\text{-}3)$$

理想情况下，噪声系数 NF（dB）为 0。现实情况是任何直放站都会产生噪声，所以 NF（dB）一般大于 0。根据直放站的相关规范，要求直放站的噪声系数小于 4 dB。

六、直放站的使用要点

直放站的主要作用是延伸覆盖,但并不增加容量。因此,在容量受限的场景应该慎用直放站。

以 CDMA 原理为基础的无线制式一般都是自干扰系统,存在着明显的呼吸效应;引入直放站,必然会引入噪声,导致系统底噪抬升,干扰增大,覆盖会收缩,这种情况下,准确地说,直放站没有延伸覆盖,而是转移了施主基站的覆盖。因此,以 CDMA 原理为基础的无线制式在选用直放站的时候,应该评估好对施主基站覆盖和容量的影响。

射频直放站很容易产生自激现象,导致网络性能下降。安装时应尽量保证施主天线和业务天线的空间隔离度,背靠背安装;要选择前后比大的施主天线和业务天线,避免信号通过天线后瓣泄露形成环路,产生自激。

在公路和铁路等线性覆盖场景,经常会用到直放站的级联。但直放站的级联级数不宜过大,过大会导致信号时延增大,引入过多系统噪声,对系统的整体性能有很大的影响。一般情况下,直放站级联不超过 3 级。

在选用直放站的时候,一定注意工作指标要按实际要求,尽可能选择性能较好、成本较低的直放站,以免对系统性能造成不好的影响。

任务小结

通过本章节来认识直放站,学习直放站的分类,掌握直放站的应用以及相应的直放站指标。

任务三　熟悉无线接入点(AP)

任务描述

本任务主要介绍无线接入点(AP),根据实际的需求分别阐述无线接入点工作原理、作用、类型与特点。

任务目标

- 了解:无线接入点的分类和用途。
- 学习:无线接入点的无线特性。
- 熟悉:信源的选择,可根据不同环境选择合适的无线接入点。

任务实施

一、AP 的用途及种类

在办公场所只有一个网线出口,却有四五个工作人员准备上网,怎么办?有经验的工作人员很快想到,使用 Hub(集线器)作为中心节点,通过网线连接各台计算机,组成一个有线局域网(Local Area Network,LAN),如图 2-3-1(a)所示。局域网中心节点的设备称为集线器(Hub,原意是轮的中心,"毂"),那么网线就类似于车轮的辐条了。

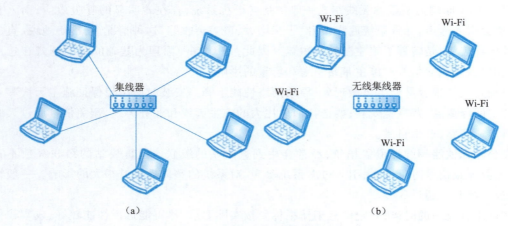

图 2-3-1 有线局域网和无线局域网

但是由网线连接计算机和集线器使用起来不太方便,需要足够多的网线,而且会使办公区域显得比较凌乱。人们自然会想到,要是不需要网线就能完成局域网的组建就好了。这种无线局域网(Wireless LAN,WLAN)的想法比较大胆,类似一个车轮不需要"辐",只要"毂"就可以了,如图 2-3-1(b)所示。这种无线 Hub,称为"无辐之毂"。

802.11 是 IEEE 制定的一个无线局域网标准,允许终端上网设备通过无线的方式接入网络,广泛应用于校园、办公场所等场景。802.11 不是一个单独的标准,而是一系列标准,这个标准的家族用 802.11 来表示。其中"x"代表 802.11 的不同版本,如目前常用的版本 802.11 是 2003 年制定的工作频率为 2.4 GHz、最高速率为 54 Mbit/s 的 WLAN 标准。

AP(AccessPoint)相当于一个有线网和无线网的连接桥梁,可以有 3 个方面的作用(不是每个 AP 都同时有这样的作用,要看产品型号):接入、中继和桥接。所以 AP 在组网中可以承担接入点(在室分系统中 AP 承担 WLAN 信源的角色)、中继器和桥接器的角色。AP 可以作为网络的无线接入点。通过无线的方式,利用无线网卡和 AP 建立数据连接,既可以分享有线网络的信息资源,又可以克服有线布设烦琐,节约网络末端的施工费用、降低施工复杂度。AP 在扮演接入点的角色,如图 2-3-2 所示。就像有线网络的 Hub 一样,AP 可以快速且轻易地与宽带数据网络相连。有线宽带网络(如 ADSL、LAN 等)到户后,布放一个室内型 AP,然后在计算机中安装一块无线网卡,就可以使用宽带网络了。

如果在室分系统中使用,AP 可以作为信源(WLAN 信号的接入点),如图 2-3-3 所示。可以利用已有的支持 WLAN 频段的室分系统或者新建 WLAN 自己的室分系统。根据 AP 的输出功率大小,一个 AP 可以带的室内天线数目是不同的,在后面的室分系统设计中会介绍。

AP 的中继功能类似于直放站的中继功能,如图 2-3-4 所示。如果进行 WLAN 通信的终端离网络过远,中间可以放置 AP,把无线信号放大一次,使得终端接收到更强的无线信号。

"桥接"就是连接两个网络接入点,实现两个或多个局域网的数据传输。如把两个有线局域网连接起来,可以选择 AP 来桥接,如图 2-3-5 所示。两个桥接器之间通过无线的方式互联。

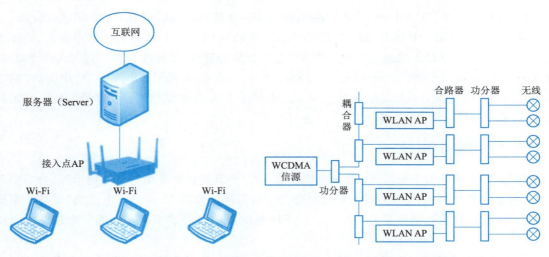

图 2-3-2　作为接入点的 AP

图 2-3-3　作为 WLAN 信源的 AP

图 2-3-4　作为中继器的 AP

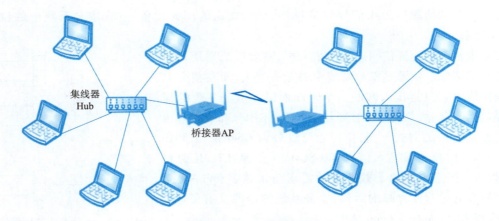

图 2-3-5　作为桥接器的 AP

AP 的种类很多,有室外型的、室内型的,有 IT 级(互联网级)的,也有 CT 级(电信级)的。

特别要指出的是,AP 还有"胖""瘦"之分。这里的"胖""瘦"并不是仅从体型上说,更多的是从 AP 所包含的功能上来说。所谓"胖"AP,是指把资源管理、移动性管理、加密、认证、802.11 协议的支持、天线信号的收发等功能集于一身;而"瘦"AP 仅实现了其中靠近"空中接口"的功能:802.11 协议的支持、无线信号的收发,其他功能则大多数交给"上级领导"无线控制器(Access Controller,AC)来完成。

二、AP 的室分信源特性

室内型 AP 可分为室分型 AP 和室内放装型 AP。不管是什么类型的 AP,使用时,都需要考虑 AP 的覆盖特性、容量特性和配套特性。作为室分系统信源的 AP,都是"电信级"设备。室分型 AP 的覆盖特性主要是指发射功率大小。不同的发射功率决定了所支持的分布系统的天线数目。

一般的室内放装型 AP,常见的最大输出功率为 100 mW(20 dBm)。考虑室内无线传播环境的复杂性及 WLAN 使用的是高频段(2 400 MHz),无线传播损耗较大,AP 在室内的覆盖半径一般为 30~100 m。当然,通过使用支持中继功能的 AP,可以增加 WLAN 覆盖面积。经验表明,在一般的开放办公环境,一层楼布放一个 AP 就可以了;而对于学校宿舍、酒店房间等穿墙损耗较大的环境,一般一个 AP 覆盖 5~6 个房间。

室外型 AP 一般应用于校园、步行街、广场等空旷地带。常见的室外型 AP 最大输出功率为 500 mW(27 dBm)。如使用较高增益的定向型天线,一个 AP 的覆盖半径可达 200~400 m,大概的覆盖面积在 30 000 m² 左右。

AP 的容量特性主要是指一个 AP 支持的并发用户数。虽然理论上可以支持较多的用户数(如每个 AP 支持 64 个用户),但实际上由于干扰问题较大,数据业务速率难以保证,不可能同时接入这么多用户。在一般的办公环境下,可以按照一个 AP 支持 20 个用户数来计算。

从配套特性上讲,一般都要求 AP 体积小、重量轻,安装方便。AP 支持的常见供电方式有 DC 5 V/12 V/48 V 等,还有的 AP 支持市电(民用 AC 220 V)。目前,大多数室内放置型 AP 支持五类网线供电(Power Over Ethernet,POE),这也是目前最方便的供电方式。

三、信源的选择

无线系统的信源是无线信号的接收、处理和发送的网元设备,它在室分系统中的位置如图 2-3-6 所示。

如果说整个无线通信网络是一个大国,室分系统则是大国中非常小的诸侯。信源是室分系统中的龙头老大,而在整个无线通信网络中它只是接入网的一个末端而已。室分系统的信源主要包括宏基站、微基站、射频拉远单元(RRU)和直放站 4 种。当然从支持的制式不同,信源也可以分为 GSM 信源、PHS 信源、CDMA 信源、WCDMA 信源、TD-SCDMA 信源、LTE 信源和 5G 信源等。当室内高速下载业务的需求越来越多,WLAN 受到越来越多的运营商青睐的时候,室分系统的信源又有了第 5 种:无线接入点(Access Point,AP)。

图 2-3-6 室分系统的信源位置

在室分系统设计时,最需要考虑的信源属性是其覆盖特性、容量特性及配套特性。覆盖特性一般是指输出的发射功率是多少(要注意区别:机顶口总功率、机顶口单载波功率、机顶口导频信道功率),无线信号的频率是多少,能够覆盖的范围有多大。

容量特性一般是指能够支持多少载波、多少小区,能够支撑多大的话务量,同时能接入多少用户,如何扩充容量。配套特性是指供电要求、传输要求(传输带宽需求)、安装条件(机房条件、体积、重量)等。

在设计室分系统的时候,如何选择信源呢?回答是4个字:"因地制宜"!"因地制宜"的大原则落在室分系统的信源选择的工作上,就是"因楼制宜"。室分系统的信源选择要根据目标楼宇的覆盖面积和容量需求及安装条件,选择性价比适合的信源,尽量达到较低成本、较高的覆盖水准,见表 2-3-1。

表 2-3-1　信源选择方法

信源选择	覆盖面积	容量需求	安装条件	场景举例
宏蜂窝	覆盖区域大	话务量高	具备机房条件	高档写字楼、大型商场、星级酒店、奥运体育场馆等重要建筑物
微蜂窝	覆盖面积适中	中等话务量	有一定的安装空间,机房条件较差	中高层写字楼、酒店等中型建筑物
射频拉远单元(RRU)	覆盖面积适中	话务量中等或较高	安装灵活,无机房条件	写字楼、商场、酒店等重要建筑物或建筑群
AP	覆盖面积适中	高速数据业务场景	安装较为灵活,无机房条件	学校、大型场馆、星级酒店等重要场景
直放站	覆盖区域分散、空间封闭或空旷	话务量较小	安装较为灵活,无机房条件	电梯、地下室、公路、农村

任务小结

通过本任务来认识无线接入点 AP,学习无线接入点的分类与用途,掌握无线接入点的信源特性以及选择。

任务四　认识信号传送器件

任务描述

本任务主要介绍信号传送器件,阐述各种类型信号传送器件工作原理以及作用。

任务目标

- 了解:各种类型信号传送器件的原理。

- 学习:各种类型的信号传送器件的特性。
- 熟悉:不同环境中各种类型信号传送器件的选择。

任务实施

一、合路器

某学校开学,初一年级有 12 个班(计算上对应室分系统的 12 个楼层),每个班 40 个学生(计算上对应每层楼的 40 个天线)。现在要把 480 本(计算上对应总功率是 480 mW)语文书(代表一种制式的无线信号,如 GSM)分到每个学生手中,人手 1 本(1 mW,0 dBm)。你用手推车把这 480 本语文书装好,准备派送到每个班级,突然教材科有人说:"你的车还有空间,你把数学书(另一种制式的无线信号,如 LTE)也领走吧!"这样数学书和语文书一起放在手推车上被拉走(合路器把两路信号合在一起传送),那就需要注意一个问题,即两种书的外形和大小必须有差别,否则容易混淆、拿错(要注意端口隔离度)。这样你把车沿着校园小路(传输线路、馈线、干线)推到第一个班级,这个班级的学习委员(耦合器)领走了 40 本语文书和 40 本数学书(分走了一小部分信号);推到第二个班级,这个班级的学习委员又领走了 40 本语文书和 40 本数学书(又分走了一小部分信号);依此类推。等到第十二班领完书后(信号很微弱了),突然通知你还有 6 个特招班,也得发书。还好早已有人开车送来(增加了干放,是有源的),把需要的书放在你的手推车上(干放增加了信号强度),你再一次为每个班级依次发书。

每个班级的学习委员领到书后(信号支路),为了快速把书发到每个人手中,他(功分器)把书分为两份,每份各 20 本语文书和 20 本数学书,由两个人分别发到每个人手中。

在书本派送的过程中,主要解决的问题是如何把书本均匀地分发到每个人手中(无线信号均匀地分配到各个天线口)。当然还涉及其他的问题,两种书放在一起派送的问题(多制式合路问题),把一部分书分发出去的问题(信号功率耦合问题),把书一分为二分发出去的问题(信号功分的问题),还有书不够分发继续补充的问题(信号干线放大的问题)。

无线信号从信源中出来,需要均匀发送到楼宇的各个天线口。总的来说,这是一个信号合路、传送、放大的过程和功率分配的过程。这个过程由室分系统中的各种信号传送器件完成,包括合路器、功分器、耦合器、电桥、馈线、转接头、干放和衰减器等。下面分别进行介绍。

合路器的主要功能是将不同频段的几路信号合在一个室分系统里。也就是说,一个室分系统通过合路器可以为工作在不同频段的几个无线制式服务。如在实际工程中,需要把 800 MHz 的 CDMA 和 900 MHz 的 GSM 合路,或需要把 900 MHz 的 GSM 和 2 000 MHz 的 3G、LTE 合路。

使用合路器,既要多个无线制式共用同一室分系统,从而节约室内物料和施工费用,又要避免多个系统互相影响,导致网络质量下降。

因此,合路器要完成的工作可以概括为以下两点:

(1)将多个输入端口的无线信号送到同一输出端口。
(2)避免各个端口无线信号之间的相互影响。

合路器实际上就是滤波器的有效组合,可以同时为上下行两个方向的信号服务,实际上有双工器的作用。如图 2-4-1 所示,从下行的方向(信号源到天线的方向)看,合路器把各频带的信号在输出端叠加起来(信号合成);从上行的方向(天线到信号源的方向)看,合路器把天线接收的上行信号按照不同频段分开(信号分离),分别送往相应制式的信号源。

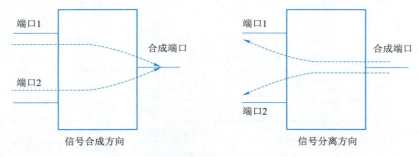

图 2-4-1 合路器的信号合成与信号分离

本质上,合路器要实现不同频段的信号的合成与分离,而这种合成与分离不要产生太多的功率损耗,尽量实现信号的无损合成与分离。要实现合路与分路的无损,就必须实现另一支路不会分走本支路的功率。也就是说,另一支路对本支路来说相当于不存在。另外,合路器要保证不同频段的信号相互不影响,这就要求有较高的干扰抑制程度。信号的无损合成或分离及干扰抑制都要求合路器的端口的隔离度足够大。

在室分系统设计时,选择合路器要重点看它的工作频率范围和工作带宽是否满足要求,插入损耗是否足够小;端口隔离度是否足够大。表 2-4-1 是一个标准的四频四口合路器的常用指标,在工程设计时选用合路器一般都要考虑这些指标。

表 2-4-1 标准的四频四口合路器指标

参 数		指 标
频带	端口 1	GSM:885 ~ 954 MHz;
	端口 2	DCS:1 710 ~ 1 830 MHz;
	端口 3	TD-SCDMA F:1 880 ~ 1 920 MHz TD-SCDMA A:2 010 ~ 2 025 MHz
	端口 4	TD-LTE:2 300 ~ 2 400 MHz
带外抑制	端口 1	≥80@1 710 ~ 1 830 MHz ≥80@1 880 ~ 1 920 MHz ≥80@2 010 ~ 2 025 MHz ≥80@2 300 ~ 2 400 MHz
	端口 2	≥80@885 ~ 954 MHz ≥80@1 880 ~ 1 920 MHz ≥80@2 010 ~ 2 025 MHz ≥80@2 300 ~ 2 400 MHz
	端口 3	≥80@885 ~ 954 MHz ≥80@1 710 ~ 1 830 MHz ≥80@2 300 ~ 2 400 MHz
	端口 4	≥80@885 ~ 954 MHz ≥80@1 710 ~ 1 830 MHz ≥80@1 880 ~ 1 920 MHz ≥80@2 010 ~ 2 025 MHz

续表

参　数	指　标
带内插损	≤0.8 dB
带内波动	≤0.6 dB
无源互调	三阶：≤ -140@ 43 dBm×2 五阶：≤ -155@ 43 dBm×2
驻波比	≤1.25
功率容量	200 W/端口，峰值功率 1 000 W/端口
环境温度	-25 ℃ ~ +65 ℃
接头	N-F 型
外形尺寸	由厂家产品确定
工作环境湿度	≤95%

二、功分器

功分器，可以理解为"公分器"，就是把输入端口的功率公平地分配到各个输出端口的射频器件。

举例来说，现在共有黄金 90 两，两个人分，每个人得 45 两；三个人分，每个人得 30 两。每个人得到的黄金数量比总数少了很多，这个少的数量就可以定义为分配损耗。参与分配的人越多，分配损耗就越大。

功分器分配功率也遵循同样的道理。二功分器，每个端口得到 1/2 的功率；三功分器，每个端口得到 1/3 的功率；四功分器，每个端口得到 1/4 的功率。分配损耗就是每个端口的功率比总输入端口的功率减少了多少的一种度量。端口越多，分配损耗越大。

功分器的分配损耗一般用 dB 来表示。二功分器的分配损耗为 $10\lg 2 = 3$ dB，三功分器的分配损耗为 $10\lg 3 = 4.8$ dB，四功分器的分配损耗为 $10\lg 4 = 6$ dB。

但是现实的功分器并不是理想的射频器件，并不只存在分配损耗。

正如分配黄金的例子中，两个人分配 90 两黄金，在分配的过程中丢失了 10 两，这样每个人得到的黄金不再是 45 两，而是 40 两了。这多损失的 5 两是由于分配平台不理想、不安全造成的，称为介质损耗。

换算成 dB，原来仅有分配损耗 $10\lg 90/45 = 3$ dB；现在的损耗包括分配损耗和介质损耗，$10\lg 90/40 = 3.5$ dB，多了 0.5 dB 的介质损耗。

现实的功分器不仅存在分配损耗，一般还存在额外的介质损耗，二者合起来称为插入损耗。这个介质损耗的大小和器件的工艺水平、设计水平有很大关系，一般考虑 0.5 dB 就可以了。于是二功分器的插入损耗一般小于 3.5 dB；三功分器的插入损耗一般小于 5.3 dB；而四功分器的插入损耗则一般小于 6.5 dB。

举例来说，输入端口功率是 10 dBm 的情况下，二功分器、三功分器和四功分器的一个输出端口功率分别是多少？计算过程如图 2-4-2 所示。

在室分系统设计时，选择功分器首先要看它的工作频率范围是否满足工作要求，插入损耗是否满足设计要求。表 2-4-2 是某一厂家二功分器、三功分器和四功分器的常用参考指标，在工程设计时选用功分器一般都要考虑这些指标。

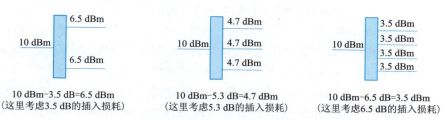

图 2-4-2　实际功分器的功率分配计算

表 2-4-2　用功分器的参考指标举例

名称	二功分器	三功分器	四功分器
分配损耗/dB	3	4.8	6
介质损耗/dB	0.5	0.5	0.5
插入损耗/dB	3.5	5.3	6.5
频率范围/MHz	800~2 500		
驻波比	<1.4		
接头	N 型母头		
阻抗/Ω	5		
功率/W	200		
体积/mm³	210×61×25	233×61×25	233×61×43
重量/kg	0.3	0.45	0.50
环境温度/℃	-30~70		
端口隔离度/dB	>20		

注：在实际应用中，如果功分器的某一输出端口不接任何室分系统通路，也不能空载，需要安装匹配负载，否则会造成系统驻波比过高的问题。

三、耦合器

举例来说，由于某项业务顺利完成，老板获得了 40 两黄金，但不能全部留下，他要给员工分一些钱，用来激励员工更加努力地工作，但是不会给员工分很多，只分 4 两。这 4 两相当于从主要利益上"耦合"出来的一点小利益，老板把绝大多数（36 两）留给自己。

对于老板来说，给员工的钱是一种损耗（对应耦合器的插入损耗），换算成 dB，插入损耗有 $10\lg(40/36)=0.45$ dB；对于员工来说，自己得到的利益是从总利益"耦合"出来的，员工的利益相对于总利益的比例就是耦合的程度，换算成 dB，就是 $10\lg(40/4)=10$ dB。

耦合器就是从主干通道提取出一部分功率的射频器件，一般包括主干通道的输入端口、主干通道的输出端口和提取部分功率的耦合端口，如图 2-4-3 所示。

耦合器的输入端口的功率和输出端口的功率之比，换算成 dB，就是插入损耗，如下式：

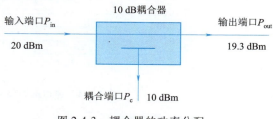

图 2-4-3　耦合器的功率分配

$$\text{插入损耗(dB)} = 10\lg(P_{in}/P_{out}) = 10\lg(P_{in}/1\text{ mW}) - 10\lg(P_{out}/1\text{ mW})$$
$$= \text{输入端口功率(dBm)} - \text{输出端口功率(dBm)} \tag{2-4-1}$$

式中,P_{in} 和 P_{out} 的单位为 mW。

输入端口的功率和耦合端口的功率之比,换算成 dB,就是耦合度,如下式:
$$\text{耦合度(dB)} = 10\lg(P_{in}/P_c) = 10\lg(P_{in}/1\text{ mW}) - 10\lg(P_c/1\text{ mW})$$
$$= \text{输入端口功率(dBm)} - \text{耦合端口功率(dBm)} \tag{2-4-2}$$

耦合器的名称一般用耦合度来表示。比如,耦合度是 10 dB 的耦合器称为 10 dB 耦合器;耦合度是 15 dB 的耦合器称为 15 dB 耦合器。耦合度(绝对值)越大,耦合出去的功率越小,那么主干通道输出的功率就越大,插入损耗(绝对值)就越小。

理想耦合器输入端口的功率应该是输出端口功率和耦合端口功率之和,如下式:
$$P_{in} = P_{out} + P_c \tag{2-4-3}$$

上式经过变换,可得:
$$1 = \frac{P_{out}}{P_{in}} + \frac{P_c}{P_{in}} \tag{2-4-4}$$

假若耦合度(绝对值)用 x 表示,插入损耗(绝对值)用 y 表示,单位为 dB,那么会有下式:
$$\frac{P_{in}}{P_c} = 10^{\frac{x}{10}} \tag{2-4-5}$$

$$\frac{P_{in}}{P_{out}} = 10^{\frac{y}{10}} \tag{2-4-6}$$

于是:
$$10^{-\frac{x}{10}} + 10^{-\frac{y}{10}} = 1 \tag{2-4-7}$$

那么插入损耗和耦合度的关系可以用下式表示:
$$y = -10\lg(1 - 10^{-\frac{x}{10}}) \tag{2-4-8}$$

从上式可以得出理想耦合器的插入损耗和耦合度的对应关系,如表 2-4-3 和图 2-4-4 所示。这说明主干通道上的功率损耗取决于耦合通道的功率大小,即决定于耦合度。

表 2-4-3　常见耦合器的耦合度和插入损耗的关系

耦合度/dB	5	6	7	10	15	20	30
插入损耗/dB	1.65	1.26	0.97	0.46	0.14	0.04	0.004 3

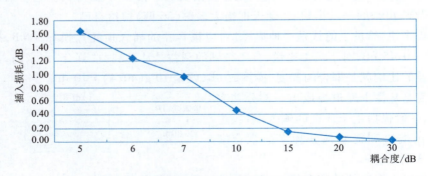

图 2-4-4　理想耦合器的耦合度和插入损耗的关系

现实的耦合器的插入损耗不仅是耦合端口的功率损失,还包括射频器件本身带来的介质损耗。因此,现实耦合器的插入损耗会比理想耦合器的插入损耗大一些,要多考虑 0.1~0.3 dB 的介质损耗(实际上和射频器件厂家有关)。当耦合度足够大的时候,耦合端口耦合出去的功率相比主干通道来说是非常小的,输入/输出的功率可以近似地认为是相同的。

功分器和耦合器都是功率分配的射频器件。不同的是,功分器是一种功率在端口处平均分配的射频器件,而耦合器则是一种功率不等值分配的射频器件。和功分器的几个输出端口要保证足够的隔离度一样,耦合器的输出端口和耦合端口也应该保证足够的隔离度。

在实际应用中,耦合器主要应用在需要信号注入、信号监测和信号取样的场景。

(1)信号注入是指可以用耦合器从基站的收、发端口分配一定比例的功率,送入室分系统中,也可以从室分系统的主干通道上分配一部分功率,进入该室分系统的旁支。

(2)信号监测是指用耦合器耦合出来的一部分信号进行监测,如通过测量入射功率和反射功率,从而测量驻波比等系统指标。

(3)信号取样是指使用耦合器从基站引出下行信号,并将上行信号送入基站,如光纤直放站的近端可以使用耦合器从基站处获取信号。

在室分系统设计时,选择耦合器首先要看它的工作频率范围是否满足工作要求,耦合度、插入损耗是否满足设计要求。表 2-4-4 是某一厂家的常用耦合器的参考指标,在工程设计中选用耦合器时一般都要考虑这些指标。

表 2-4-4 常用耦合器的参考指标

参数	7 dB	10 dB	15 dB	20 dB	30 dB
插入损耗/dB	≤1.4	≤0.9	≤0.5	≤0.4	≤0.4
耦合度/dB	7	10	15	20	30
工作频段/MHz	800~1 900				
接口阻抗/Ω	50				
驻波比	≤1.5				
功率容量/W	30				
接口形式	N-K				
环境温度/℃	-30~55				
相对湿度/%	5~95				
体积/mm³	59×39×21				
重量/kg	0.05				

四、电桥

假设某人负责把 1 000 本数学教科书 a 送给 A、B 两个学校。装好数学教科书后,接到通知,再顺便把 1 000 本数学习题集 b 也送给这两个学校(类似同频段信号合路)。则给每个学校各派送了 500 本数学教科书和 500 本数学习题集,如图 2-4-5 所示。

假若定义 1 本书为 0 dBm,那么 1 000 本书就是 $10 \lg \frac{1\,000}{1} = 30$ dBm;500 本书就是 $10 \lg \frac{500}{1} = 27$ dBm。

于是派发书的过程可以用图 2-4-6 表示假若 B 学校突然不要这 500 本数学教科书和 500 本

数学习题集了,这 500 本书也退不了,只好找个仓库放着(类似在射频器件的空端口上安装一个负载吸收这个端口的信号)。

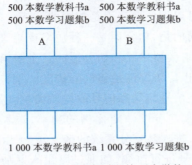

图 2-4-5　两种书派送给两个学校

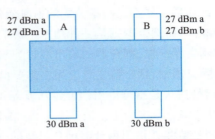

图 2-4-6　用 dBm 表示派发书的过程

电桥,一般用于同频段的信号进行合路,如 CDMA1X 载波和 CDMAEVDO 载波的合路,或者 WCDMA 两个载波的合路,所以也称为同频合路器。从这一点看,电桥有别于通常的合路器。通常的合路器是对多个异频段的信号进行合路,如 GSM 900 和 WCDMA 不同频段的两个系统的合路。

之所以有区别,是因为电桥和通常的异频段合路器实现合路的方式不一样。通常的异频段合路器通过带通滤波的方式进行合路;插入损耗小,合路的信号几乎没有损耗;带外抑制好,可以实现两路信号高隔离度的合成,不同系统间的干扰小。所以异频段的合路器可以是两路或者两路以上的不同系统的信号合路。

电桥进行同频段合路,不可能用带通滤波的方式(因为虽不是一个频点,但两路信号在同一个频段,带通滤波滤不出来),用的是类似耦合器的原理。输入端的两路同频段信号的隔离度较低,只能进行最多两路同频段信号的合路,价格比通常的合路器高。

当电桥的两个输入端口分别接两个同频段的载波进行合路的时候,可以只使用一个输出端口,另外一个输出端口用匹配负载堵上。在这种情况下,电桥的功能更像一个合路器。但和通常的合路器不一样的是,这个输出端口的两路信号的功率都会损失 3 dB。从这一点上看,电桥又可以称为 3 dB 桥合路器,如图 2-4-7 所示。

只用电桥的一个输入端口,另一个输入端口接上负载,电桥可以把一个输入信号分为两个功率相等,相位差 90°的输出信号。一个输入、两个输出。从这一点上看,电桥更像一个耦合度为 3 dB,插入损耗也为 3 dB 的耦合器(当然也可当作功分器使用)。所以电桥又可以称为 3 dB 桥耦合器,如图 2-4-8 所示。

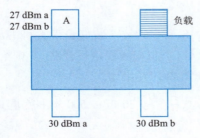

图 2-4-7　电桥的合路器功能

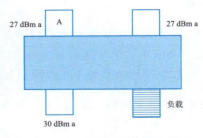

图 2-4-8　电桥的耦合器功能

电桥作为耦合器来使用的话,从一个输入端口注入信号,它的功率被均分到两个输出端口。理想情况下,另外一个输入端口应该没有信号输出。也就是说,这两个端口相互隔离,隔离度为无穷大。但实际情况下,会有部分信号泄漏过去,隔离度不会是无穷大。一般要求电桥的两个输入端口的隔离度大于 25 dB。

在原有无线系统容量不够时,需要考虑增加载波来扩容,由于载波使用的是同一频段,需要使用电桥把两个载波的信号合路引入原有的天馈系统,或引入原有的室分系统。一般情况下,原来的天馈系统或室分系统都是单主干的结构,所以一般只用电桥的一个输出端口,另一个输出端口用匹配负载堵起来。

室分系统在设计阶段就要考虑多载波合路,为了方便设计,提高输出信号的利用率,室分系统出现了双主干的结构(例如,一个主干去高楼层,另一个主干去低楼层;也可以是一个主干去东楼,另一个主干去西楼),这样电桥的两个输入端口和两个输出端口就都能用上了,如图 2-4-9 所示。

从上面的介绍中可以得知,电桥的使用方法是非常灵活的,可以是两进一出、一进两出和两进两出。如果是两进一出、一进两出,多余的一个端口接上一个和端口阻抗相匹配的负载(特征阻抗为 50 Ω)就可以了。如果不用接匹配负载,说明电桥出厂的时候就考虑了端口空闲时的阻抗匹配问题,和专门接一个负载的效果一样。

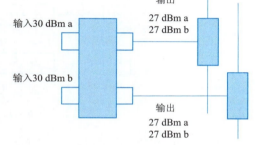

图 2-4-9 电桥在双主干室分系统中的应用

在室分系统需要多载波满足容量需求时,可以选择电桥进行信号合路。选择电桥时首先要看它的工作频段是否包括系统载波工作的频段,两个输入端口之间的隔离度是否满足要求。在计算室分系统的功率分配的时候,要考虑一定的插入损耗。表 2-4-5 是某一厂家的常用电桥的参考指标,在工程设计中选用电桥时一般都要考虑这些指标。

表 2-4-5 常用电桥的参考指标

参数	指标	参数	指标
工作频段/MHz	800~2 500	接口阻抗/Ω	50
插入损耗/dB	<0.5	驻波比	≤1.3
隔离度/dB	>25	功率容量/W	100
互调损耗/dBm	-110	接口形式	N 型阴头
回波损耗/dB	20		

五、干放

干放,从名字上看,有两层含义:首先是"干"(干线),然后是"放"(放大器)。

放大器的共同功能是功率增强,信号放大。从这一点看,干放和其他放大器的功能是一样的。干放是当信号源的输出功率无法满足较远区域的覆盖要求时,对信号功率进行放大,以覆盖更多的区域。作为信源的直放站也具有这样的功能。由于干放和直放站的共同组成模块是"放大器",所以它们都是有源器件。

干放和直放站最大的区别在于在室分系统中的位置不同。直放站是作为信源来使用的，它处在施主基站和室分系统的中间位置，主要是放大基站信号，延伸基站覆盖区域；干放用于室分系统主干线上的信号增强，延伸室分系统本身的覆盖区域。

直放站是一种信源，可以通过无线（施主天线、业务天线）或者光纤（近端、远端）的方式接入系统；干放只是室分系统中一个负责信号传送和信号增强的射频器件，只能通过有线的方式接入系统。所以干放的两个端口直接接上馈线便可接入系统，不存在直放站的无线信号接收和发送的配套模块。

干放是一个二端口器件（一个输入端口、一个输出端口），全双工设计（一个物理实体中支持上下行两个通路）。干放是比直放站更简单的射频信号放大器，除双工器、电源、监控外，一般主要是上下行低噪放、功放，没有直放站的选频、选带、移频、光模块、业务天线和施主天线等。干放的内部组成如图2-4-10所示。

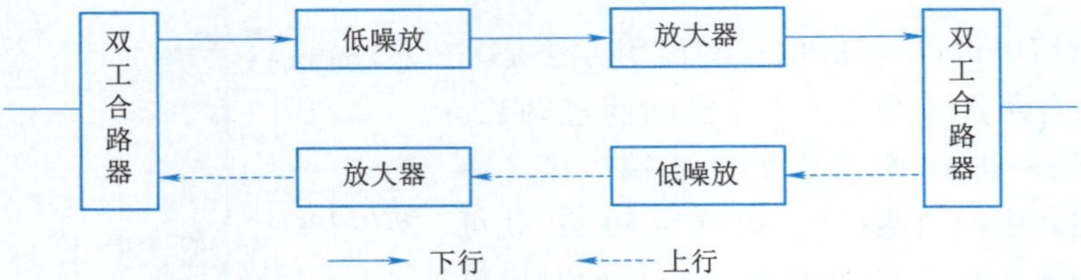

图2-4-10　干放的内部组成

从干放的内部组成可以看出，核心组成是放大器、低噪放、双工合路器（支持上下行合路），非常类似直放站的内部组成（干放一般不进行滤波、选频，因此无须滤波模块）。放大器的作用是增强信号，弥补馈线损耗，延伸覆盖；低噪放的作用是减少底噪对基站的影响。

干放是一种对上下行信号进行双向放大的射频器件，既然是"放大"设备，输出端功率相对输入端功率来说就有增益。输出功率和输入功率的比值，就是放大器的增益，如图2-4-11所示。

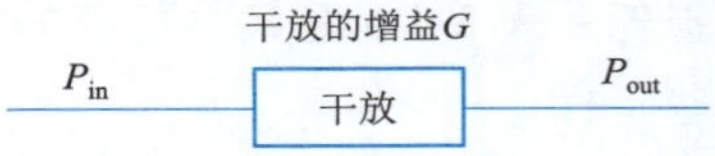

图2-4-11　干放的增益

在对数域里计算，假若干放的额定增益为$G(\text{dB})$，输入功率为$P_{\text{in}}(\text{dBm})$，输出功率为$P_{\text{out}}(\text{dBm})$，则有下式：

$$G = P_{\text{out}} - P_{\text{in}} \tag{2-4-9}$$

既然是放大器，那么干放也有一个线性范围。输入信号不能过大，否则干放工作在放大器饱和区域，输出信号不能线性地反应输入信号的变化，进而引起信号失真。所以干放一般都有一个可以保证其正常工作的、允许输入信号大小的范围。

当室分系统干线上的信号强度不足（一般要求在0 dBm以下）的时候，才考虑使用干放。一般都用耦合度较高（常用30 dB、35 dB、40 dB）的耦合器在主干上耦合出一个弱信号，然后接到干放上进行功率放大，如图2-4-12所示。

干放是有源射频器件，在室分系统使用时会额外引入噪声，导致系统底噪抬升，在自干扰系统中会导致容量下降。另外，由于是有源射频器件，器件本身会发热，如果散热不及时，很容易发生故障。

使用干放虽然能给室分系统带来延伸覆盖的好处，但也会给系统引入额外干扰，降低系统的可靠性。因此，在室分系统设计中使用干放时需要注意以下几点：

（1）一定要慎用干放（尽量使用RRU通过光纤拉远的方式进行覆盖，仅在封闭区域考虑使用干放)。

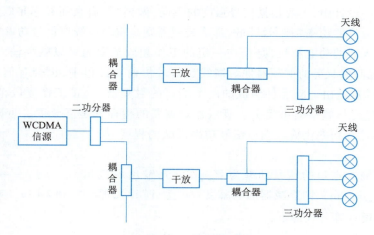

图 2-4-12　干放的使用

(2)少用干放(通常 1 个 RRU 或直放站带的干放不超过 4 个)。
(3)不要串联使用干放。
(4)尽量考虑干放是否能在支路使用,避免在主干路使用干放。
(5)干放的增益设置必须保证上下行链路平衡。
(6)尽量避免直放站和干放级联使用。

　　选用干放时考虑的指标和选用直放站时考虑的指标非常相似。首先要考虑干放工作的频率范围,其次就是上下行增益的调节范围、输出功率大小等指标。为了减少干放引入对系统性能的影响,还要考虑干放的杂散抑制能力、互调衰减能力和带外抑制能力等指标。表 2-4-6 是某一厂家的常用干放的部分参考指标,在工程设计中选用干放时一般都要考虑这些指标。

表 2-4-6　常用干放的部分参考指标

参数	下行	上行
频率范围/MHz	870~880	825~835
最大输出功率/dBm	33/37	10
频率误差	≤±0.05×10^{-6}	
最大增益/dB	50±3	
增益调节范围/dB	≥30	
增益调节步长/dB	≤2	
增益调节误差/dB	≤±1 dB(每步长)	
噪声系数/dB	≤6	
驻波比	≤1.5	

六、衰减器

　　老子有言:"天之道,损有余而补不足。"古代大教育家孔子说过:"冉有做事总是缩头缩脑,所以我激励他勇敢去做;子路做事勇敢莽撞,所以我劝他谨慎细致。"也就是说,孔子对不同性格的人教育的方法是不一样的,做到了"损有余而补不足"。

在室分系统的设计中,也要根据信号强度的不同,做到"损有余而补不足"。如果说干放是室分系统用来给信号的功率"补不足"的,那么衰减器则是室分系统使信号功率"损有余"的。

衰减器和放大器的功能相反,是指在一定的工作频段范围内可以减少输入信号的功率大小、改善系统阻抗匹配状况的射频器件。馈线在信号传输的过程中,也会有信号的相位偏移、幅度衰减;而衰减器是由电阻元件组成的两个端口的射频器件,在工作频段范围内相位偏移为零,幅度衰减程度与频率大小无关。衰减器最重要的指标就是衰减度。衰减度(A)定义为衰减器输出端口信号功率比输入端口信号功率衰减的程度,如图 2-4-13 所示。

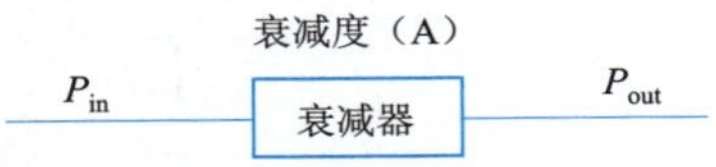

假若衰减器输入端口的信号功率为 P_{in}(dBm),输出端口的信号功率为 P_{out}(dBm),则衰减器的功率衰减度为 A(dB),那么衰减器的衰减度计算公式如下:

$$A = P_{in} - P_{out} \tag{2-4-10}$$

图 2-4-13 衰减器原理图

工程中通常使用的是衰减器一般有固定和可变两种,常见的衰减度大小有 5 dB、10 dB、15 dB、20 dB、30 dB、40 dB 等。

衰减器由电阻元件组成,是一种能量消耗元件。信号功率消耗后变成器件的热量。这个热量超过一定程度,衰减器就会被烧毁。衰减器的结构和材料确定后,它在单位时间内能承受多少热量(功率)就确定了。因此,功率是衰减器工作时必须考虑的一项重要指标。一定要让衰减器承受的功率远远低于这个极限值,确保衰减器正常工作。

衰减器的主要用途是调整输出端口信号功率的大小。例如,在室分系统中,天线口功率过大,信号会泄露在室外,给室外无线环境造成干扰,进而影响整个无线网络的性能。在无线信号进入天线之前,安装一个衰减器,使天线口的功率降下来,让它只覆盖自己的目标区域,衰减器起到了调节天线口功率大小的作用。

衰减器还可用于在信号测试中扩展信号功率的测量范围。例如,使用频谱仪分析某一放大电路的输出信号,但是这个信号的功率大于频谱仪的功率,怎么办?衰减器可以等比例地降低信号的功率,并且不改变信号的相位偏移。在衰减器的信号输出端接上频谱仪,对信号进行分析,然后通过简单的计算还原出放大电路的输出信号的情况。

在实际测量放大电路信号的时候,通常采用先进衰减器,再进测量仪的办法,这样可扩展可测信号的动态范围。

七、馈线

在室分系统中,馈线又称为射频电缆,是连接射频器件,进行无线电波传送的传输线。馈线的主要工作频率范围为 100~3 000 MHz,波长为 0.1~3 m。一般来说,当传输线的物理长度远远大于所传送的无线信号的波长时,就不能再把传输线当作无损的等电位的短路导体。无线电波在传输线中传播,是入射波和反射波的叠加,幅值、相位都会变化,所以这样的传输线又称为长线。馈线就属于长线传输线。

最早的馈线是用来连接电视机与室外天线的信号线,扁平状,双线之间有较宽的距离,以减小两线间的分布电容对射频信号的影响,但信号线外部没有屏蔽层,抗干扰能力极差。现在的馈线完全由同轴电缆取代。同轴电缆必须有屏蔽层,以避免传输线拾取杂散信号,或者两线相互作用产生杂散信号。同轴电缆的主要功能是在正常工作环境条件下,尽量保证信号源和天线之间充分地传输无线信号功率,保证电磁波在封闭的外导体内沿轴向传输,而不和传输线外部无线环境中的电磁波发生相互作用。

同轴电缆由内导体、绝缘体、外导体和护套 4 部分组成,如图 2-4-14 所示。

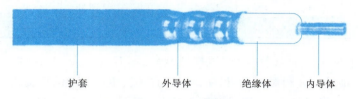

图 2-4-14　同轴电缆的实物图

在室分系统的设计中,选用馈线首先要关注的指标就是馈线的损耗。馈线越长,馈线的损耗越大;无线电波的频率越高,馈线的损耗越大;馈线越细,馈线的损耗越大。不同厂家的生产工艺不同,所用的材料略有差异,在同等条件下使用,馈线的损耗会略有差别,但这不是主要的因素。馈线的损耗主要和馈线的长度、无线电波的频率、馈线的粗细有关系。

为了便于选用馈线,下面给出一种馈线的百米损耗作为设计参考。室分系统中常用的馈线有:10D 馈线(D 代表 Diameter,一般是指同轴电缆的绝缘体的直径,单位为 mm)、1/2 英寸馈线(1 英寸 =25.4 mm)、7/8 英寸馈线、5/4 英寸馈线等。这些馈线在不同无线电波频率下的百米损耗趋势如图 2-4-15 所示。

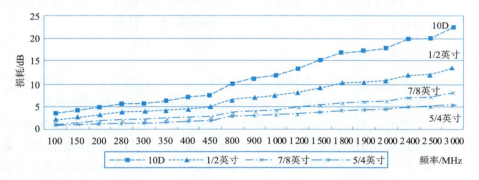

图 2-4-15　各种馈线在不同无线电波频率下的百米损耗趋势

同一类型的馈线,不同厂家的百米损耗会略有不同。选用馈线的时候,一定要了解厂家的百米馈线损耗,见表 2-4-7。

表 2-4-7　不同类型的馈线的百米损耗参考

频率/MHz	10D	1/2 英寸	7/8 英寸	5/4 英寸	频率/MHz	10D	1/2 英寸	7/8 英寸	5/4 英寸
100	3.40	2.17	1.19	0.83	1 000	11.73	7.28	4.12	2.94
150	4.10	2.64	1.46	1.02	1 200	13.20	8.00	4.54	3.26
200	4.80	3.10	1.72	1.20	1 500	15.30	9.09	5.18	3.73
280	5.50	3.68	2.05	1.44	1 800	16.73	10.10	5.75	4.16
300	5.70	3.83	2.13	1.50	1 900	17.20	10.40	5.93	4.30
350	6.20	4.14	2.30	1.62	2 000	17.80	10.70	6.11	4.43

续表

频率/MHz	10D	1/2 英寸	7/8 英寸	5/4 英寸	频率/MHz	10D	1/2 英寸	7/8 英寸	5/4 英寸
400	7.00	4.44	2.48	1.75	2 400	19.60	11.82	6.78	4.95
450	7.38	4.75	2.65	1.87	2 500	20.08	12.10	6.95	5.08
800	10.00	6.46	3.63	2.59	3 000	22.50	13.40	7.80	5.68
900	11.00	6.87	3.88	2.77					

越细的馈线，单位长度的重量越小，柔韧性越好，越容易弯曲，允许的最小弯曲半径越小（见表2-4-8），但是馈线损耗相对较大；相反，越粗的馈线，单位长度的重量越大，硬度越大，不易弯曲，允许的最小弯曲半径越大，但馈线损耗比较小。

表 2-4-8　不同规格馈线的最小弯曲半径

规格	5D	7D	8D	10D	1/2 英寸	1/8 英寸	5/4 英寸
最小弯曲半径/mm	70	100	110	140	200	280	400

常用的馈线如5D、7D、8D、10D、12D，都是较细的馈线，其特点是比较柔软，可以有较大的弯曲度。超柔射频同轴电缆适用于需要弯曲较大的地方，如基站内发射机、接收机和无线通信设备之间的连接线，俗称跳线。

但是3G、WLAN、LTE等无线制式使用的频段较高，一般不宜采用这么细的馈线，需要使用1/2英寸、7/8英寸或者更粗的馈线。这些电缆硬度较大，信号的衰减小，屏蔽性也比较好，适用于信号的传输。这些较粗的馈线和超柔电缆可以优势互补、取长补短。

八、接头/转接头

接头是指将两个独立的传输媒介连接起来的器件，这里的传输媒介包括同轴电缆、光纤和泄漏电缆等。转接头是将两种不同型号的接头做成一个整体，实现接口类型的转换。

无线信号在传输媒介中传送的过程中，应尽量保持传送通道对信号的传输特性是一致的，不会因为器件分界面的存在而导致系统的线性度下降，从而产生过多反射波、散射波等影响主信号传播的问题。因此，在室分系统中，不管使用接头还是转接头，都应该保证和传输线路阻抗尽量匹配，避免由于引入接头或者转接头导致系统驻波比增大很多，影响系统的性能。

影响接头/转接头品质的最重要的因素是它们的材质。材质不同，对信号的传输的影响就不同。制作接头/转接头的材质的选用既要考虑材质的机械连接强度，还要考虑材质的电气连接性能，一般选用优质的黄铜来制作接头和转接头。

另外，影响接头和转接头品质的还有绝缘材料的选用、加工工艺等方面的因素。同一厂家使用同样材料生产的同一批次的接头或转接头，品质也可能不同，在出厂前要检测在工作频率范围内，驻波比是否达标。人们往往重视信源、功分器、耦合器、干放等射频器件的选用，却往往忽视接头/转接头的性能优劣。室分系统的性能问题往往是由于这些小的细节不被重视而产生的。

在室分系统中，建议尽量少使用接头/转接头。不管接头/转接头的质量多好，每增加一个节点，就会增加一份噪声。接头的焊接质量不好，就会引入更多的噪声，而且很难定位问题。

常用接头类型有 N、SMA、DIN、BNC、TNC。接头都有公母(Male/Female, M/F)之分，选用时要注意接头的匹配。有的接头公母之分用 J/K 表示，J 代表接头螺纹在内圈，内芯是"针"；K 代表接头螺纹在外圈,内芯是"孔"。

常用转接头有 BNC/N-50JK,SMA-J/BNC-K。转接头都涉及两种不同的接口类型。"/"代表转接头,前后连接的是不同的接头类型。

任务小结

通过本任务认识信号传送器件,学习信号传送器件的分类与用途,掌握信号传送器件的信源特性以及选择。

任务五　了解室分天线

任务描述

本任务主要介绍室分天线,阐述室分天线工作原理以及作用,并且介绍不同场景下如何进行室分天线类型的选择。

任务目标

- 了解:室分天线的原理。
- 学习:室分天线的指标和参数。
- 熟悉:不同场景下室分天线的选择。

任务实施

一、天线的基本原理

天线的英文单词"antenna"还有另外一个意思,就是某些动物头上的触角,有感觉外界事物的作用。它具有两个方面的功能:一方面大脑的指令传到触角,触角可以来回挪动(下行方向);另一方面外界物体的信息通过触角传回大脑(上行方向)。

天线可以看作是信源的"触角"。只不过室外站的"触角"较少,而室内站的"触角"少则数十个,多则上百个。这个"触角"可以把信源传出的射频信号发射到无线环境中(下行方向);也可以从无线环境中收集电磁波信号,然后传回到信源那里(上行方向)。

1897 年,意大利无线电工程师、企业家马可尼发明了天线,并首次实现了远距离无线通信。由于天线在军事领域的重要应用,各国政府非常重视,天线技术发展迅猛。现阶段天线技术已经相当成熟,宽频带、双极化、远程电调技术已经应用在天线的设计中,智能天线技术也得到了广泛的应用。我国从事天线生产的企业数量多、规模小和实力弱,和国际知名天线厂家亚伦、安德鲁、阿尔贡、凯司林相距甚远。

麦克斯韦电磁波定理告诉大家:变化的电场产生磁场,变化的磁场产生电场。当导线上有交变电流时,就发生电磁波的辐射。利用电磁波的辐射,就可以把射频信号发射出去。问题的关键是,电磁波辐射的能力和哪些因素有关系?如何提高辐射的效率?

电磁波辐射的能力与两导线张开的角度、导线的长度有关。若两条导线离得很近,电磁场完全被束缚在两条导线之间,向外辐射的能量较小;若两条导线张开一定的角度,电磁场就会扩散在周围的无线环境中,滞留在导线之间的能量就减少,向外辐射的能量就增大;当两条导线夹角为180°的时候,电磁场向外辐射的能量最大,如图2-5-1所示。

导线的长度和辐射能力有什么关系呢?

当导线的长度远远小于电磁波的波长λ时,它向外辐射电磁波的能力很小,称这样的导线为电偶极子。理论上讲,导线的长度增大到接近波长大小的时候,电磁波的辐射能力大大增强。接近波长大小、辐射能力比较强的直导线称为天线振子。而当导线长度大于波长的时候,辐射能力增长减缓。也就是说,导线长度成倍地增加,辐射能力只是缓慢地增加。

导线的长度大于一个波长,并且是半波长的整数倍的时候,称为长线天线;当导线长度是半个波长的时候,称为半波天线,也叫半波振子;导线长度为1/4波长的时候,称为1/4波长天线或1/4波长振子。单纯从辐射能力上讲,长线天线要大于半波天线,半波天线要大于1/4波长天线,但是并不是大太多。也就是说,长线天线比半波天线和1/4波长天线的辐射能力略高、比较接近;但半波天线和1/4波长天线的长度则短了很多,体积和重量也减少很多,物料和施工成本也降低很多。所以,从工程实践上讲,需要在辐射效果和天线长度之间寻求一个最好的平衡点。天线长度为电磁波波长的1/4时,天线的辐射能力和接收效率较高、体积和重量也比较适中。

两臂长度相等的振子称为对称振子。每臂长度为四分之一波长、全长为二分之一波长的振子,称为半波对称振子,如图2-5-2所示。单个半波对称振子可直接使用,也可以由多个半波对称振子组成高增益的天线阵来使用半波对称振子,无论从辐射效果的角度看,还是从施工安装成本的角度看,都是非常适合实际工程的,是一种适用场景最多、使用范围最广的天线。

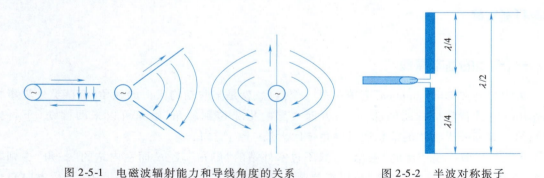

图 2-5-1 电磁波辐射能力和导线角度的关系　　　　图 2-5-2 半波对称振子

二、天线的指标和参数

可以从很多不同的角度来描述一个人的特点。从身体素质的角度上讲,可以描述其身高、体重和外形等(天线的尺寸、重量、材质等可见的外在物理特性,称为机械指标);从文化素质的角度上讲,可描述他的专业范围,学历、学习能力等(天线的频率范围、增益、波束宽度、前后比、极化方式、功率等不可见的内在的电气特性,称为电气指标)。一个人的身体素质和文化素质是不管有没有工作都存在的指标,相对稳定(天线的机械指标和电气指标在出厂后就确定了。

设计施工时需要考虑这些指标,但不能改变这些指标)。

而从实际工作的岗位上看,此人可能有一定的职位(如处长),负责一定的工作,管辖一定的范围。上级在安排他的工作时,可能考虑了他的身体素质和文化素质,也可能根据工作的实际需要,调整他的工作岗位(根据天线的机械特性、电气特性,结合实际无线环境,确定使用天线的工程参数,包括高度、方向角、下倾角、安装位置)。

天线的机械指标和电气指标是在出厂前已经确定的天线参数,而天线的工程参数是在设计和规划过程中根据无线环境的情况确定的。机械指标主要决定了天线的安装方式;电气指标和工程参数共同决定了天线的覆盖范围和覆盖区域的信号质量。天线的机械指标、电气指标和工程参数的具体内容见表 2-5-1。

表 2-5-1 天线的指标和参数

机械指标	接口形式	电气指标	频率范围/MHz	工程参数	方向角
	天线尺寸(长)		天线增益/dBi		下倾角
	天线重量		半功率波束宽度/(°)		高度
	天线罩材质		前后比/dB		安装位置
	风阻抗		驻波比		
	安装方式		极化方式		
			最大功率/W		
			输入阻抗/Ω		

在室内环境中使用天线,更关注的是天线的电气指标。天线总是在一定的频率范围内工作,为一定的无线制式服务。从降低带外干扰信号的角度考虑,所选天线的带宽满足频带要求即可。

下面详细介绍天线增益、辐射方向图、天线的波瓣宽度等指标。

1. 天线增益

你走在戈壁滩上,渴望有人结伴而行。突然发现前面不远处有一个人,你大声呼喊:"嗨……"他没有听到。你用手做喇叭状置于嘴前,继续喊:"嗨……"这次他听到了。手做喇叭状置于嘴前,对声音的传播就有增益。此时,手的作用是在声音不增大的情况下使声音传得更远,效果更好。

天线增益,简单地讲,是指无线电波通过天线后传播效果改善的程度。既然是效果改善,就得有个比较的基准。

假如想使自己的声音传得更远,用牛皮纸做一个喇叭状的纸筒置于嘴前呼喊,比用手做喇叭状置于嘴前呼喊的效果好 1 倍,而比直接呼喊效果好 1.5 倍。也就是说,比较的基准不一样,增益的数值不一样。

天线增益一般用 dBi 和 dBd 两种单位表示。dBi 用于表示天线的最大辐射方向的场强相对于点辐射源在同一地方的辐射场强的大小。

点辐射源是全向的。它的辐射是以球面的方式向外扩散的,没有辐射信号的集中能力。太阳在宇宙中,可以认为是点辐射源,没有能量的集中能力,或者说增益为 0 dBi。

天线的辐射是有方向性的。同样的信号功率,在天线的最大辐射方向的空间某一点的场强肯定比点辐射源在空间某一点的场强大。

dBd 用于表示天线的最大辐射方向的场强相对于偶极子辐射源在同一地方的辐射场强的大小。偶极子辐射不是全向的。它对辐射的能量有一定的集中能力,在最大辐射方向上的辐射能力,比点辐射源要大 2.15 dB,如图 2-5-3 所示。也就是说,0 dBd 等于 2.15 dBi,即用 dBi 表示的天线增益数值比用 dBd 表示的天线增益数值大 2.15。

目前常见的天线增益从 0 dBi 到 20 dBi 都有,一般室分系统的天线增益在 0 ~ 8 dBi 之间,而室外的天线增益从 9 dBi(全向天线)到 18 dBi(定向天线)都有应用。

2. 天线的辐射方向图

方向图用来说明天线在空间各个方向上所具有的发射或接收电磁波的能力,是天线辐射特性在空间坐标中的图形化表示。

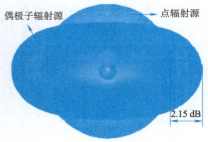

图 2-5-3　dBi 和 dBd 的参考基准

理论上,天线的方向图是立体的。但为了便于作图显示,提出了水平波瓣图和垂直波瓣图的概念。将天线方向图沿水平方向横切后得到的截面图称为水平波瓣图;将天线方向图沿垂直方向纵切后得到的截面图称为垂直波瓣图。

方向图还可分为全向天线的方向图和定向天线的方向图。全向天线的水平波瓣图在同一水平面内各方向的辐射强度理论上是相等的,如图 2-5-4 所示。

全向天线的垂直波瓣图在各个方向的辐射强度是不相同的,但以天线为轴左右对称,如图 2-5-5 所示。

定向天线的水平波瓣图和垂直波瓣图在各个方向的辐射强度是不相同的。定向天线的水平波瓣图如图 2-5-6 所示,垂直波瓣图如图 2-5-7 所示。

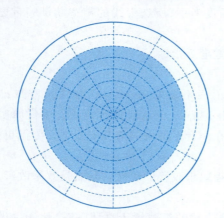

图 2-5-4　全向天线的水平波瓣图

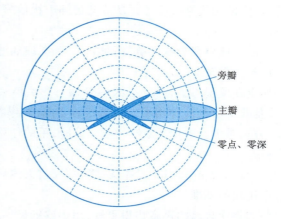

图 2-5-5　全向天线的垂直波瓣图

波瓣图一般包括主瓣和旁瓣,主瓣是辐射强度最大方向的波束;旁瓣是主瓣之外的、沿其他方向的波束;与主瓣相背方向上也可能存在电磁波泄露形成的波束,称为背瓣或后瓣,如图 2-5-7 所示。

3. 波瓣宽度

所谓波瓣宽度,是指天线辐射的主要方向形成的波束张开的角度。波束张开的角度怎么算,是个问题。因为波瓣图形上任何两点和辐射源点的连线都可以形成一个角度,如果这样的话,波瓣宽度可以是任何值。所以定义了 3 dB 波瓣宽度。

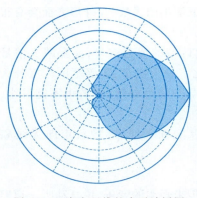
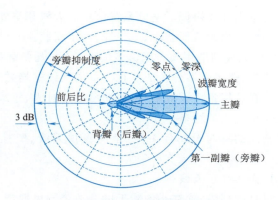

图 2-5-6　定向天线的水平波瓣图　　　　图 2-5-7　定向天线的垂直波瓣图

3 dB 波瓣宽度就是信号功率比天线辐射最强方向的功率差 3 dB 的两条线的夹角,如图 2-5-8 所示。

一般来说,天线的波瓣宽度越窄,它的方向性越好,辐射的无线电波的传播距离越远,抗干扰能力越强。

波瓣宽度也有水平和垂直之分。全向天线的水平波瓣宽度为 360°而定向天线的常见 3 dB 水平波瓣宽度有 20°、30°、65°、90°、105°、120°、180°等多种。

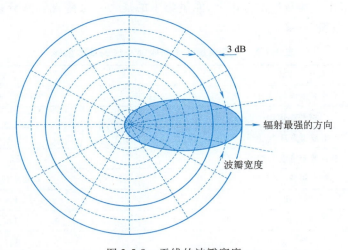

图 2-5-8　天线的波瓣宽度

天线的 3 dB 垂直波瓣宽度与天线的增益、3 dB 水平波瓣宽度相互影响。在增益不变的情况下,水平波瓣宽度越大,垂直波瓣宽度就越小。一般定向天线的 3 dB 垂直波瓣宽度在 10°左右。如果 3 dB 垂直波瓣宽度过窄,会出现"塔下黑"的问题。也就是说,在天线下方会有较多的覆盖盲区。在天线选型时,为了保证对服务区的良好覆盖,减少死区,在同等增益条件下,所选天线的 3 dB 垂直波瓣宽度应尽量宽一些。

三、室分天线的选型

一般来说,室分系统天线的选用主要基于以下两个原则:
(1)室内天线的选用要考虑室内环境特点,选用的天线尽量美观,天线形状、颜色、尺寸大小要与室内环境协调。室分系统使用的天线和室外环境下使用的天线,在外形方面会有很大不同。一般室内天线形状小、重量轻,便于安装。

(2)天线的选用要考虑覆盖的有效性,既要满足室内区域的覆盖效果,又要减少信号在室外的泄露,避免对室外造成干扰。室内天线的增益一般比室外天线小,覆盖范围较室外天线小很多。在选用室内天线的时候,增益不能过大,过大容易导致信号外泄;增益也不能过小,过小无法保证室内的覆盖。

常用的室内天线有 4 种:全向吸顶天线、壁挂式板状定向天线、高增益定向天线和泄漏电缆。

1. 全向吸顶天线

夏日的傍晚,你在小区附近的开放公园里散步,四周传来轻柔的音乐,悦耳动听。道路两旁的圆柱形音响把美妙的音乐传向四周,但一个音响传得并不很远。整个公园里有很多这样的音响,组合起来,公园里就充满了柔和的音乐。这种圆柱形音响套用无线通信的语言可称为全向型扬声器。

全向吸顶天线的主要特点集中在"全向""吸顶"这两个词上。"全向"是指天线的水平波瓣宽度为 360°(垂直波瓣宽度为 65°);"吸顶"是指天线一般安装在房间、大厅、走廊等场所的天花板上,应尽量安装在天花板的正中间,避免安装在窗户、大门等信号比较容易泄漏的地方。

全向吸顶天线的增益较小,一般为 2~5 dBi。这一点很好理解,水平和垂直波瓣宽度大的天线,增益一般都很小。能量扩散范围大,能量集中的能力就会降低。室分系统的全向吸顶天线的基本指标可参考表 2-5-2。

表 2-5-2 室分系统的全向吸顶天线的基本指标

参　数	指　标
天线工作频率/MHz	800~2 500
增益/dBi	2
水平波瓣宽度/(°)	360
垂直波瓣宽度/(°)	65
极化	垂直单极化
前后比	无
驻波比	<1.5
天线下倾	无

全向吸顶天线的实物图如图 2-5-9 所示。

2. 壁挂式板状定向天线

去大型礼堂参加会议,有时可以看到礼堂四周的墙壁上各挂了两个扬声器。这些壁挂式扬声器的目的是把主席台上的声音有效地传到礼堂内每个人耳朵里,所以这些扬声器的增益比公园里的扬声器大很多。

室分系统中的壁挂式板状定向天线,多用在一些比较狭长的室内空间,安装在房间、大厅、走廊、电梯等场所的墙壁上。天线安装时前方较近区域不能有物体遮挡。如果在窗口处安装,注意保

图 2-5-9 全向吸顶天线

证天线的方向角冲着室内,避免室内信号外泄到室外。壁挂天线的增益比全向天线的增益要高,一般为 6~10 dBi,水平波瓣宽度有 90°、65°、45°等多种,垂直波瓣宽度在 60°左右。

室分系统的壁挂式板状定向天线的基本指标可参考表 2-5-3。

表 2-5-3　室分系统的壁挂式板状定向天线的基本指标

参　　数	指　　标
天线工作频率/MHz	800~2 200
增益/dBi	7
水平波瓣宽度/(°)	90
垂直波瓣宽度/(°)	60
极化	垂直单极化
前后比/dB	>20
驻波比	<1.5
天线下倾	无

壁挂式板状定向天线的实物图如图 2-5-10 所示。

3. 高增益定向天线(以八木天线为例)

八木天线(Yagiantenna),又名雅奇天线,是 20 世纪 20 年代日本东北大学的八木秀次等人发明的。八木天线是高增益定向天线的一种。

八木天线至少由 3 对振子、一个横梁组成。最简单的八木天线外形结构呈"王"字形。"王"字的中间一"竖"就是八木天线的横梁;"王"字中间的一横是与馈线相连的有源振子,也称主振子。"王"字的另外两横,一个是反射器,另一个是引向器。反射器是比有源振子长一点的振子,作用是削弱从这个方向传来或向这个方向发射去的电波;引向器是比有源振子短一点的振子,作用是增强从这个方向传来或向这个方向发射出去的电波。引向器可以有一个或多个,离有源振子越远,其长度就越短。八木天线的外形如图 2-5-11 所示。

图 2-5-10　壁挂式板状定向天线

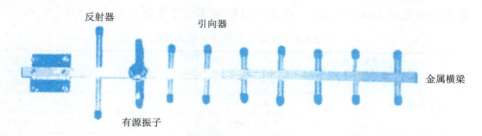

图 2-5-11　八木天线

引向器越多,方向性越好、增益越高。当引向器增加到四五个之后,增益增加的好处就不明显了,而体积大、重量增加、安装不便,成本攀升的缺点却越来越明显。

八木天线最大的特点是方向性好,有较高的增益,一般为 9~14 dBi,像一个张口很小的细长扬声器,可以将声音传得很远。它的缺点是工作频段较窄,不适合 2G、3G 和 4G 多系统合路的场景使用。从八木天线的特点可以看出,它非常适合在狭长封闭空间如电梯井、隧道等场景中使用,八目天线具体指标见表 2-5-4。

表 2-5-4 室分系统的八木天线的基本指标

参 数	指 标
天线工作频率/MHz	1 700 ~ 2 170
增益/dBi	11.5
水平波瓣宽度/(°)	50
垂直波瓣宽度/(°)	45
极化	垂直单极化
前后比/dB	>15
驻波比	<1.5
天线下倾	无

泄漏电缆,是指外导体部分开孔的同轴电缆。通过电缆上的一系列开孔,可以把无线信号沿电缆均匀地发射出去,也可以把沿电缆纵向分布的无线信号接收回来,因此泄漏电缆也可以看成是一种天线,如图 2-5-12 所示。

泄漏电缆非常适合在隧道、地铁等狭长的无线环境中使用,缺点是成本高、安装不便。泄漏电缆的技术指标类似于馈线的指标,如百米损耗,和常用的天线指标有所不同,不用增益、方向图、波瓣宽度这类指标来描述。

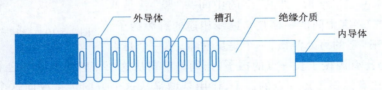

图 2-5-12 泄漏电缆

在选择泄漏电缆的时候,除了考虑百米损耗之外,还要考虑一个关键指标:耦合损耗(一般是指距泄漏电缆开孔处 2 m 的损耗)。泄漏电缆的基本技术指标参考表 2-5-5。

表 2-5-5 泄漏电缆的基本技术指标

泄漏电缆规格		1/8 英寸	5/4 英寸
百米损耗/dB	900 MHz	4.6	3.5
	1 800 MHz	6.9	5
	2 400 MHz	8.6	6.5
耦合损耗 (距泄漏电缆开孔处 2 m 的损耗)/dB	900 MHz	87 ± 10	86 ± 10
	1 800 MHz	89 ± 10	87 ± 10
	2 400 MHz	89 ± 10	88 ± 10
特性阻抗/Ω		50	50

综上所述,室分系统选用天线的时候应注意以下几点:

(1)尽量选用宽频天线。

在选择室分系统天线的过程中,天线的频段 MA、TD-SCDMA、WLAN、LTE 等无线制式的工作频段。也就是说,包括 800~2 500 MHz 的所有移动通信频段。

选用宽频带,可以避免增加新的无线系统时对天馈线的改造,也可以避免重复进站、重复施工的问题。

(2)不考虑分集和波束赋型。

由于室内环境空间狭小、穿透损耗大,使用分集技术就好比用高射炮打蚊子,对系统性能的提高不明显,却增加了系统成本。一般室分系统的天线密度大,室内环境复杂,用户密度大,使用波束赋型就好比在人群中使用水枪喷射某个人,不一定能够精确喷射,还不如用一盆水直接泼过去,反而能够喷到那个人。所以在室内使用分集和波束赋型技术效果不好、意义不大。虽然 TD-SCDMA 支持智能天线波束赋型,但在室内环境中,没有使用波束赋型的功能。

(3)选用垂直极化天线。

水平极化的无线电波在贴近地物表面传播时,会产生极化电流,受地物阻抗的影响可产生热能,从而使无线电波信号迅速衰减;而垂直极化的无线电波则不易在地物表面产生极化电流,可以避免能量的大幅衰减,确保无线信号在复杂的室内环境中有效传播。因此,在室内环境中,天线一般均采用垂直极化方式。

(4)天线选用要适应场景特点。

全向吸顶天线在室内的房间中心使用;壁挂式板状定向天线在矩形环境的墙面挂装;高增益定向天线和泄漏电缆一般应用在电梯井、隧道、地铁等狭长的封闭空间。八木天线适合只有一个系统的环境使用;如果多系统合路,需要使用宽频高增益定向天线,如宽频对数周期天线。

任务小结

通过本章节来认识室分天线,学习室分天线的分类与用途,掌握室分天线的特性、各种相关参数从而实现室分天线的选择。

※ 思考与练习

一、填空题

1.天线可以把信源传出的射频信号_____到无线环境中_____,也可以从无线环境中_____电磁波信号,然后传回到信源。

2.天线的_____主要决定了天线的安装方式;天线的_____和_____共同决定了天线的覆盖范围和覆盖区域的信号质量。

3.天线增益一般用 dBi 和 dBd 两种单位表示,dBi 用于表示天线的最大辐射方向的场强相对于_____在同一地方的辐射场强的大小。

4.dBd 用于表示天线的最大辐射方向的场强相对于_____在同一地方的辐射场强的大小。

5.波瓣图一般包括_____和_____,_____是辐射强度最大方向的波束;_____是主瓣之外的、沿其他方向的波束。

6. 全向天线的水平波瓣图在同一水平面内各方向的辐射强度理论上是_____的。

7. 全向天线的垂直波瓣图在各个方向的辐射强度是_____的,但以天线为轴_____对称。

8. 定向天线的水平波瓣图和垂直波瓣图在各个方向的辐射强度是_____的。

9. 3 dB 波瓣宽度就是信号功率比天线辐射最强方向的_____差 3 dB 的两条线的夹角。

10. 常用的室内天线有 4 种:_____、_____、_____和_____。

二、选择题

1. 天线长度为电磁波波长的(　　)时,天线的辐射能力和接收效率较高、体积和重量也比较适中。

  A. 1/2　　　　　　B. 1/3　　　　　　C. 1/4　　　　　　D. 1/5

2. 当两条导线夹角为(　　)的时候,电磁场向外辐射的能量最大。

  A. 30°　　　　　　B. 60°　　　　　　C. 90°　　　　　　D. 180°

3. 以下关于 dBd 和 dBi 的说法正确的是(　　)。

  A. 2.15 dB = 0 dBi　　　　　　　　B. 0 dB = 2.15 dBi

  C. 1 dB = 2.15 dBi　　　　　　　　D. 2.15 dB = 1 dBi

4. 以下关于波瓣宽度说法错误的是(　　)。

  A. 全向天线的水平波瓣宽度为 360°,而定向天线的常见 3 dB 水平波瓣宽度有 20°、30°、65°、90°等多种

  B. 在增益不变的情况下,水平波瓣宽度越大,垂直波瓣宽度就越大

  C. 一般定向天线的 3 dB 垂直波瓣宽度在 10°左右

  D. 在同等增益条件下,所选天线的 3 dB 垂直波瓣宽度应尽量宽一些

5. 馈线的主要工作频率范围和波长分别是(　　)。

  A. 100 ~ 3 000 MHz,0.1 ~ 3 m　　　　B. 200 ~ 3 000 MHz,0.1 ~ 3 m

  C. 100 ~ 3 000 MHz,0.5 ~ 3 m　　　　D. 200 ~ 3 000 MHz,0.5 ~ 3 m

三、判断题(正确用 Y 表示,错误用 N 表示)

1. (　　)点辐射源不是全向的,偶极子辐射是全向的。

2. (　　)半波对称振子是一种适用场景最多、使用范围最广的天线。

3. (　　)波瓣宽度,是指天线辐射的主要方向形成的波束张开的角度。

4. (　　)一般来说,天线的波瓣宽度越窄,它的方向性越好,辐射的无线电波的传播距离越远,抗干扰能力越强。

5. (　　)如果在窗口处安装壁挂式板状定向天线,注意保证天线的方向角冲着室内,避免室内信号外泄到室外。

四、简答题

1. 室分系统选用天线的时候应遵循哪些原则?

2. 干放和直放站都能对信号功率进行放大,两者有何区别?

3. 室分系统的信源有哪些?它们各自有什么特点?

4. 按照信号的传输方式,直放站可分为射频直放站和光纤直放站,两者有哪些不同点?

5. 简述直放站的使用要点。

实战篇
室分系统的管理与规划

引言

随着 5G 网络的日益普及，运营商对于高质量的室内分布系统建设越来越重视。首先，室内分布系统的话务量占比很大。根据 DoCoMo 的最新统计，室内场所占近 80% 的话务量，而在实施了室内覆盖的建筑物内话务量增大了 1.43 倍。从国内的经验数据可以看出，目前 2G、3G 网络中 60%~80% 的移动用户话务量也发生在室内。其次，从 4G 业务使用来看，室内环境舒适，用户大多在室内消磨等候的时间，因此，室内用户更喜欢使用 4G 的丰富业务。为了更好地满足用户体验，树立良好的形象，运营商应该对 4G 的室内覆盖建设给予足够重视。

从解决覆盖、容量、质量这三个网络规划以及优化主题来看，室内分布系统都是非常重要的解决手段。从网络覆盖来看，室内分布系统可以解决室内盲区及干扰区域；从网络容量来看，室内覆盖还可以分散密集区域的话务量，从而减轻室外基站的压力，降低室外基站的数量和配置；从网络质量来看，室内覆盖降低了室外系统的负荷，由于 4G 网络自干扰的特性，也就降低了网络整体干扰水平，从而提高整个系统的质量。因此，室内覆盖对于 4G 乃至 5G 网络建设具有至关重要的作用。

而如何把好质量关，第一步就是整个室内覆盖项目的项目管理以及勘测规划。

学习目标

- 掌握室分系统的项目管理工作。
- 掌握室分系统的网络勘测与规划。

知识体系

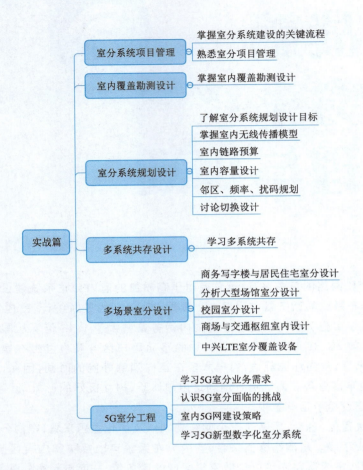

项目三 室分系统项目管理

任务一　掌握室分系统建设的关键流程

任务描述

本任务主要学习室内系统建设过程中的关键步骤、流程,以及在流程中每个阶段的主要任务和应该注意的问题。

任务目标

- 掌握:室分系统的规划设计与施工。
- 了解:室分系统的测试评估。
- 掌握:室分系统的调整优化。

任务实施

一、室分系统的规划设计阶段

"戴明环"是由美国质量管理专家戴明提出来的 PDCA 循环的产品质量改进流程。

那么,PDCA 这 4 个字母的含义是什么呢?

P(Plan):计划、规划、策划、谋划等;其实就是确定目标、活动计划、实施方案的过程。在室分系统建设的过程中,P(Plan)这个阶段对应的是室分系统的规划设计阶段。

D(Do):实施、执行、落地;实现规划阶段确定的目标和任务。这是一个使计划成形、战略落地的阶段。马云说:"战略不能落实到结果和目标上面,都是空话。"在室分系统建设的过程中,D(Do)这个阶段对应的是室分系统的建设施工阶段。

C(Check):检查、检验、测试;检查计划执行的结果、效果,找出问题所在,指出改进方向。在室分系统建设的过程中,C(Check)是指室分系统的测试评估阶段。

A(Action):行动、改进、优化、完善;对检查出来的问题进行处理解决、优化完善,进一步提高项自实施的质量。在室分系统建设的过程中，A（Action）是指室分系统的优化阶段。

PDCA 是一个循环往复的过程。项目经过一个 PDCA 流程，还会有一些遗留问题。为了进一步提升项目交付质量，可以启动下一个 PDCA 流程，如图 3-1-1 所示。可以这样说：上一级的循环是下一级循环的前提和依据，下一级的循环是上一级循环的落实和具体化。

一个大的项目，PDCA 的任何一个阶段都可以细分为一个或多个小的 PDCA 过程，可谓"大环套小环，一环扣一环"。小环是大环某一阶段的具体化、细节化；大环某一阶段的目标则是小环完成和结束的路标和里程碑，如图 3-1-2 所示。

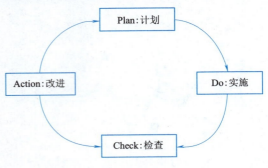

图 3-1-1　PDCA 循环往复过程

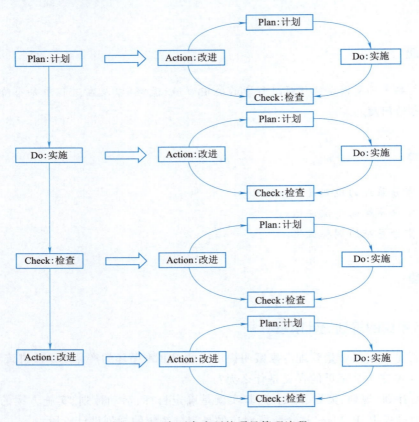

图 3-1-2　大环套小环的项目管理流程

按照戴明环的思路，把室分系统建设分为如图 3-1-3 所示的 4 大阶段。

规划设计阶段是室分系统建设非常重要的阶段。规划设计流程如图 3-1-4 所示。

首先是目标楼宇的确定。把握两点：重要性和物业准入难度。一般来说，常会碰到"重要的楼宇不好进，好进的楼宇不重要"的问题。例如某所大学，移动用户数量多，楼宇无线覆盖差，非常有必要建设室分系统，但学校要求利益分成的条件比较苛刻，无法满足。

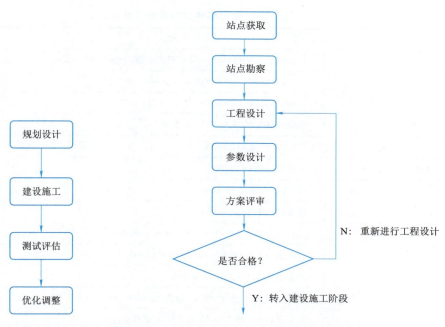

图 3-1-3 室分系统建设的 4 大阶段

图 3-1-4 室分系统的规划设计流程

目标楼宇确定后,需要进行室内场景的工程勘察。工程勘察的主要目的是了解目标楼宇的物业要求、建筑结构、周边站点覆盖情况、已有室分系统的情况,为工程设计提供依据。

根据室内站点的建筑面积、用途、结构特点等勘察结果,结合客户对覆盖质量的需求,进行覆盖和容量的估算,确定信源、功分器、合路器和天线等射频器件的选用,计算信号源、传送器件和天线的数量,确定天线的具体安装位置,完成详细的信源到天线的走线方式设计。

除了工程设计之外,还有室分的无线参数配置设计,如小区合并分裂设计、邻区参数配置、切换参数配置、频率扰码参数配置等。

详细的设计方案经评审合格后,可以指导下一个阶段的建设施工。

二、室分系统的建设施工阶段

有时候,物业准入、站点获取的工作在第一阶段没有完成,在建设施工的前期还需要继续站点获取的工作。在物业准入不存在问题的情况下,室分系统的建设施工流程如图 3-1-5 所示。

首先要核实室分物料和安装辅料。一般情况下,在工程设计过程中,会确定一份室分物料的清单列表,一般至少包括物料名称、型号和数量等内容,见表 3-1-1。对照室分物料清单列表,检查实际到货的室分物料的型号、数量是否和清单一致。如不一致,查明原因,并及时更正。

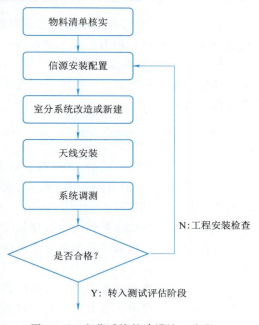

图 3-1-5 室分系统的建设施工流程

实战篇 室分系统的管理与规划

表 3-1-1 室分系统的物料清单参考样本

物料名称	型号	数量
1/2 英寸超柔电缆	制成导线-DX0118－1/2 英寸超柔电缆(FSJ4-50B)－50m	××
1 分 3 功分器	SLPS2203100(1 分 3、N-Female)——三水盛路	××
1 分 2 功分器	SLPS2202100(1 分 2)——三水盛路	××
全向天线	TQJ-SA800/2500-3——三水盛路	××
定向天线	742149——KATHREIN	××
高增益定向天线	742192——KATHREIN	××
与 GSM 共用时滤波器	793362——KATHREIN	××
与 GSM、DCS 共用时滤波器	FDGW5504/2S-1——RFS	××
7 dB 耦合器	天馈耦合器-GSM-800～2 200 MHz-7 dB-N-Female	××
10 dB 耦合器	天馈耦合器-GSM-800～2 200 MHz-10 dB-N-Female	××
7/8 英寸电缆	同轴电缆-LDF5-50 Ω-7/8 英寸	××
配 7/8 英寸电缆同轴连接器	同轴连接器-N 型-50 Ω-直/插头-公-LDF5-50 Ω-7/8 英寸	××
负载	匹配负载-0～20 GHz-50 Ω-2 W-N 型插头-公	××
热缩套管－Φ30	—	××
N 型阳头	射频同轴连接器-N-50ohm-插头-直式-公-配 1/2 英寸超柔跳线	××
DIN 阳头连接器	同轴连接器-7/16DIN 型插头-50 Ω/直式/公型-配 1/2 英寸超柔跳线	××
DIN 阴头连接器	同轴连接器-7/16DIN 型插头-50 Ω/直式/母型-配 7/8 英寸(LDF5-50A、RF7/8 英寸-50)电缆	××
N/SMA 转换器	同轴连接器-N/SMA 转换器-50 Ω-直式 KFK-法兰盘安装	××

物料核实无误后，就可以开始建设安装施工了。包括信源的安装和参数配置(要把设计好的参数灌入信源里)、原有室分系统的改造、新建室分系统走线和器件集成、天线的安装等。

最后，要进行室分系统的综合调测，检查系统的驻波比是否正常，天线口的发射功率是否正常。这里发生的异常问题一般都是由安装不规范导致的，也有少数问题是由射频器件故障、信源工作异常导致的。

三、室分系统的测试评估阶段

在室分系统施工完成后，并没有大功告成，还要对已建成的室分系统进行测试评估。测试的目的是评估，评估的目的是优化调整，而不是争功诿过。测试评估可以分网元级、系统级和业务级 3 个层级，如图 3-1-6 所示。

网元级测试评估是基础的测试评估工作，没有这个工作，系统级、业务级的工作无从谈起。网元级的测试评估也可以称为室分系统的单站点验证，主要验证两个方面的内容：器件是否正常、参数是否一致。

参数是否一致也包括两个方面的内容：通过现场勘测，查看器件型号、器件数量、器件安装位置、电缆长度、路由走线等内容与工程设计方案是否一致；通过网管远程监控，查看站点名、站点 ID、小区参数、无线参数配置与规划设计参数是否一致。

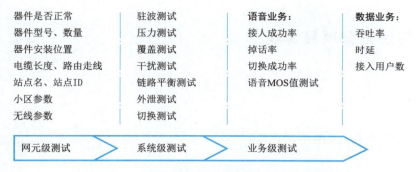

图 3-1-6　室分系统测试评估的工作内容

系统级测试不是从单个网元的角度出发,而是从整个室分系统是否能够协同工作,室内覆盖效果是否达标的角度出发的。室分系统本身的健康检查包括驻波测试、压力测试;室分系统的覆盖效果检查包括覆盖测试、干扰测试、链路平衡测试、外泄测试和切换测试等。

业务级测试是指接近用户体验的指标测试,如语音业务的接入成功率、掉话率、切换成功率、语音 MOS 值测试等;数据业务的吞吐率、时延、接入用户数等。

四、室分系统的优化调整阶段

通过室分系统的测试评估,会发现很多系统硬件问题或者组网性能问题,按照图 3-1-7 所示的流程进行优化调整。

针对硬件故障发生的室内区域,要进行步测(Walking Test,WT)、定点测试(Call Quality Test,CQT),查看 RNC 后台告警信息,采集其中的硬件故障信息,定位问题发生的位置和原因。

例如,有可能是信源单板的问题,也有可能是干放或天线的问题,或者是其他射频器件的问题,通过更换故障硬件来排除故障。故障处理后,还要进行效果评估,看是否解决了问题。

室内可能存在弱覆盖和覆盖盲区的问题,可以通过增加天线口功率或者增加天线密度来改善覆盖效果。在覆盖问题解决完成后,接下来需要控制干扰,包括室内信号外泄对室外造成的干扰、室外干扰源对室内的干扰及室分系统本身产生的干扰。室内的门厅、电梯口、窗口经常会发生切换失败的问题,可通过控制切换带大小、位置,调整切换参数来解决。最后要对室分网络承载的各种语音业务、数据业务的指标进行优化调整,以保证各业务在正式商用后能够正常运行。

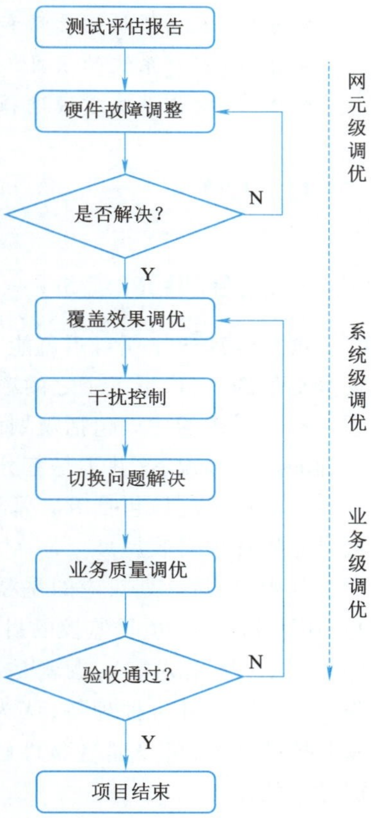

图 3-1-7　室分系统的优化调整流程

任务小结

本任务主要介绍室分系统建设的整个流程,并详细讲解规划设计、建设施工、测试评估和优化调整四个阶段。

任务二 熟悉室分项目管理

任务描述

本任务主要介绍室分项目管理内容。

任务目标

- 了解：室分项目的启动和收尾。
- 掌握：室分系统的项目工程管理模型和工作分解。
- 掌握：室分系统建设过程。

任务实施

一、室分项目的启动

项目经理运作项目不可能一帆风顺，项目的实际运作和预想的美好结果会有较大的差距。无法交付的项目、不了了之的项目或者不能满足客户期望的项目在运作过程中会碰到共同的问题。室分系统的建设包括规划设计、建设施工、测试评估和优化调整四个大的阶段。但从项目管理的角度来说，这并不是室分系统建设项目从始至终的全部过程。

一个项目应该包括五大管理过程：项目启动、项目计划、项目执行、项目监控和项目收尾。

其中，项目计划对应的是戴明环的 P(Plan) 过程；项目执行对应的是 D(Do) 过程。项目监控的目的是发现项目运作的问题（测试评估），进行控制（优化调整），也就是对应戴明环的 C(Check)、A(Action) 过程。但也有另外一种理解，认为项目生命周期内的每一个阶段都应该有监控的环节，可以通过事件触发的会议或者周期性的汇报完成对关键过程的监控。

室分系统建设的 PDCA 流程中，已经介绍了项目计划、项目执行与项目监控的内容，项目启动和项目收尾还没有涉及，本任务将介绍这两个过程。好的开端是成功的一半，在项目启动的时候，就应该充分地调研、严密地评估、合理地规划，对项目的可行性、存在的风险、投入和收益有充分把握。在室分系统项目启动阶段，要依次完成以下工作：收集项目信息、明确项目目标、确定项目资源、制订项目进度计划和召开项目启动会，如图 3-2-1 所示。

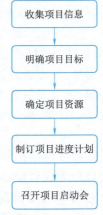

图 3-2-1 室分系统项目启动阶段的工作内容

项目信息包括室内无线场景的建筑特点、物业获取特点、覆盖需求特点、业务特点，客户对室内覆盖的覆盖、容量和质量需求，给定无线制式的室内覆盖的技术规范、设计原则等内容。

根据收集到的信息,确定室内覆盖项目要实现的目标,包括大致规模、质量要求、进度要求、验收标准和项目的分工界面。

室分系统项目资源包括人力资源和物力资源。根据室内覆盖的工作内容和工作量制订人力需求计划,包括人员角色及数量;根据室内无线制式的技术特点,选用施工工具、测试工具。如果人力和物力资源不足以支撑保质保量地完成项目,就需要考虑寻求外部资源的策略,即合作分包策略。

室分系统的项目计划是指按照室分系统的建设流程制订项目进度计划,可以根据实际情况进行调整。单个楼宇的室分系统建设进度安排见表3-2-1。如果多个楼宇同时开始建设,可以考虑不同楼宇的并行建设,以节约总体建设时间。

室分系统的项目启动会议标志着一个项目的开始,一般由项目经理负责组织和召开。项目启动会议可以分为内部项目启动会议和外部项目启动会议。

内部项目启动会议的目的是让项目团队成员对该项目的建设背景、项目总体规划、项目团队成员等整体信息和各自的工作职责有一个清晰的认识,并且获得决策层对项目资源的承诺和保障,以便后续工作的顺利开展。

外部项目启动会议是指和项目主要干系人一起组织的会议,包括和用户的项目启动会以及和合作方的项目启动会。会议的目的是让客户或合作方知该项目的整体情况有个了解,敲定分工界面、建立沟通渠道、明确各自的职责和义务,让各方就项目建设的相关事宜达成共识。

有句古话说得好:"九十步半百步"。事情越到结尾的时候越应该重视。

表 3-2-1 室分系统建设进度安排

工作	第1周	第2周	第3周	第4周	第5周	第6周	第7周	第8周	第9周	第10周
项目启动	■									
物业获取	■	■								
室内勘测		■								
工程设计			■	■						
参数设计			■	■						
建设施工					■	■				
测试评估							■			
优化调整								■	■	
项目验收										■

二、室分项目的收尾

很多项目成员认为大势已定,可以放松警惕了,但是稍微不注意都可能使项目成败逆转。根据美国项目管理协会(PMI)的定义,项目收尾(Project Conclusion)包括合同收尾和管理收尾两部分。合同收尾在室分系统项目中,最重要的就是验收环节(见图3-2-2),对着合同初期确定的验收规范,逐条核对是否满足验收规范要求。室分系统的验收一般包括施工工艺和质量验收、覆盖质量验收、干扰水平验收、切换质量验收、语音和数据业务质量验收等。

项目结束后,总结管理上的经验和教训、技术上的得与失,更新或改进建设施工流程、问题定位处理的流程。所谓"前事不忘、后事之师",及时的经验总结和案例分享、项目过程文档的整理归档就是室分项目的管理收尾过程。

管理收尾是项目经理经常忽略的过程。项目总结和学习,技术经验积累和沉淀是一个公司持续、长远发展的条件。这也是项目组成员自我学习、自我成长的必要过程。

三、室分系统的项目管理模型

先看一个例子。

小吴负责的某室分系统优化项目快要结束了,他向客户申请项目验收。

客户说:"这个项目还不能验收,电梯内和地下停车处的信号覆盖太弱。"

小吴说:"这个在合同中没有要求吧!"

客户说:"你怎么这么说话!以后还想不想做了?"

小吴只好说:"对不起,我想这个会影响工期的。"

客户说:"这个你不用担心,给你两个月的时间,回去安排吧!"

小吴面无表情地回到了办公室,项目组成员早就等他庆祝呢。

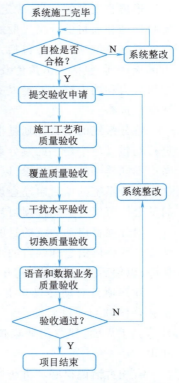

图 3-2-2　室分项目的验收流程

"吴哥,咱们可以放松一下了吧?公司过两天要把我安排到别的省份工作了!"一个合作方的兄弟说。

"不行,项目还早着呢!"小吴说。

正在这时,小吴接到一个电话,对方说:"你项目上的测试手机和驻波比测试仪该归还了!"

小吴抱怨道:"这让我怎么干活?"

正在这时,客户打电话过来,说:"工期和你说错了,是一个月!"

小吴瘫坐在座位上,说:"这项目的施工质量可如何保证啊?"

项目经理最头疼的事情就是客户需求的改变和项目资源供给得不足,这也是项目可能出现的风险。

客户今天说要天上飞的,明天说要海里游的(范围变更);今天说十万火急,从速处理,明天又说不要着急,有的是时间(时间变化);今天说有些地方差不多就行,明天又要大幅提高指标(质量要求变化)。

为了节约交付成本,项目经理所在公司又要求不断减少人力、物力的供给(成本的控制),这就带来项目资源供给的不足。

一般来说,项目经理永远面临着这样的要求:"多、快、好、省"地完成项目。这个要求用项目管理的语言来描述就是更大的项目范围(多)、更少的时间(快)、更高的质量(好)、更低的成本(省)。

但是"多、快、好、省"这4个目标不可能同时实现。范围、成本、时间、质量是项目完成的4个要素,任何一个要素发生变化都会影响其他3个要素。

在室分系统建设的过程中,假设客户要求在保证质量的情况下,实现更大的覆盖范围、提供更多的交付件的时候(范围变大),项目经理所能做的是增加更多的人力和物力投入(成本增加),或者延期交付(时间变长)。

一般情况下,室分项目的验收标准不可能变。也就是说,室分系统的交付质量只能高,不能低;而室分项目的其他 3 个要素(范围、时间、成本)都要围绕着室分项目的验收标准和交付质量。

因此,室分项目的范围、时间和成本,可以围绕着质量组成一个"铁三角",如图 3-2-3 所示。这里"铁三角"的意思是范围、时间、成本 3 个要素可以围绕着交付质量变化,但是它们相互制约。也就是说,"铁三角"中"铁"的含义是各角各边的关系不能随便变化。例如,当范围增加的时候,为了让这个"三角"变形不过于严重,成本要相应地增加,工期也要相应地延长。

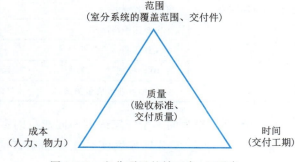

图 3-2-3　室分项目的铁三角、四要素

四、室分系统建设的工作分解

工作分解结构(Work Breakdown Structure,WBS)是项目管理中最重要的工具,体现了项目管理渐进明晰的思想,符合大事化小、繁事化简的原则。WBS 是制订进度计划、资源需求、成本预算和风险管理计划的重要基础,也是明确项目范围、控制项目变更的参考依据。

室分系统建设项目从开始到结束包括很多关键任务,每个任务又可以分成若干个子任务,见表 3-2-2。这个表是室分系统建设项目的 WBS 举例,有些子任务还可以细分下去,这里不再赘述;这个表仅供参考,在实际项目使用的时候还要定制化。

表 3-2-2　室分系统建设项目的 WBS 举例

1 层任务分解	2 层子任务分解	1 层任务分解	2 层子任务分解
1.项目管理	1.1 项目组织计划	5.工程设计	5.3 走线方式设计
	1.2 过程关键点控制和跟踪		5.4 合路方式设计
2.项目启动	2.1 收集项目信息	6.参数设计	6.1 邻区参数设计
	2.2 明确项目目标		6.2 频率扰码设计
	2.3 确定项目资源		6.3 切换参数设计
	2.4 制订项目进度计划		6.4 无线参数设计
	2.5 召开项目启动会	7.建设施工	7.1 物料清单核实
3.站点获取			7.2 信源安装配置检查
4.室内勘测	4.1 楼宇结构勘测		7.3 室分系统改造或新建
	4.2 已有室分系统勘测		7.4 天线安装
	4.3 周边无线环境勘测		7.5 系统调测
5.工程设计	5.1 射频器件选用	8.测试评估	8.1 射频器件核查
	5.2 天线安装位置设计		8.2 安装工艺检查

续表

1层任务分解	2层子任务分解	1层任务分解	2层子任务分解
8.测试评估	8.3 参数配置检查	8.测试评估	8.12 数据业务质量测试
	8.4 驻波比测试	9.优化调整	9.1 硬件故障调整
	8.5 压力测试		9.2 覆盖效果调优
	8.6 覆盖测试		9.3 干扰控制
	8.7 干扰测试		9.4 切换问题解决
	8.8 链路平衡测试		9.5 业务质量调优
	8.9 外泄测试	10.项目验收	10.1 室分系统验收
	8.10 切换测试		10.2 过程文档归档
	8.11 语音业务质量测试		

WBS可以作为同一个厂家内部不同成员的责任分配矩阵制订的参考,也可以作为运营商、设备厂商、设计院、室分厂家之间分工界面制订的基础。室分系统的建设涉及多个角色,对于WBS中的某个子任务,经过充分协商和沟通,可以确认谁作为责任者,谁作为配合者。也就是说,WBS是室分系统建设项目合理分工、有效协作的重要工具。

任务小结

本任务主要介绍室分项目管理相关内容,并涉及室分项目的启动与收尾、室分项目的管理模型以及项目施工建设的工作分解。

※ 思考与练习

一、填空题

1. 室分系统建设的四大阶段是_____、_____、_____、_____。
2. 室分系统的规划设计流程依次是_____、_____、_____、_____、_____、_____。
3. 规划设计阶段的第一个流程站点获取,即目标楼宇的确定,需把握两点:_____和_____。
4. 室分系统的建设施工流程依次是_____、_____、_____、_____、_____。
5. 建设施工阶段需要进行室分系统的综合调测,检查_____和_____是否正常。
6. 测试评估可以分为_____、_____和_____3个层级。
7. 室分系统的优化调整流程依次是_____、_____、_____、_____。
8. 室内可能存在_____和_____的问题,可以通过增加天线口功率或者增加天线密度来改善覆盖效果。
9. 室分系统存在_____、_____及_____干扰问题。
10. 室分系统的建设施工流程依次是_____、_____、_____、_____、_____。

二、选择题

1. 规划设计阶段的工程设计不包括（　　）。
   A. 进行覆盖和容量的估算
   B. 确定设备类型、数量、安装位置
   C. 完成天线的走线方式设计
   D. 确认已有室分系统的情况

2. 以下属于网元级测试的是（　　）。
   A. 吞吐率　　　　　　　　　　B. 无线参数
   C. 接入用户数　　　　　　　　D. 链路平衡测试

3. 以下不属于系统级测试的是（　　）。
   A. 语音 MOS 值测试　　　　　B. 驻波测试
   C. 压力测试　　　　　　　　　D. 切换测试

4. 以下属于业务级测试的是（　　）。
   A. 小区参数　　　B. 外泄测试　　　C. 数据业务　　　D. 站点 ID

5. 规划设计阶段的工程设计不包括（　　）。
   A. 进行覆盖和容量的估算　　　B. 确定设备类型、数量、安装位置
   C. 完成天线的走线方式设计　　D. 确认已有室分系统的情况

三、判断题（正确用 Y 表示，错误用 N 表示）

1. （　　）网元级的测试评估主要验证两个方面的内容：器件是否正常、参数是否一致。
2. （　　）业务级测试是指接近用户体验的指标测试。

四、简答题

1. 简述室分系统建设的四个阶段。
2. 简述 PDCA 循环的产品质量改进流程。
3. 室分系统的建设施工流程有哪些？
4. 解释网元级测试评估，并分析其重要性。
5. 一个项目的管理过程应该包括哪些？
6. 室分系统建设项目的 WBS 在任务层分解有哪些内容？

项目四
室内覆盖勘测设计

任 务　掌握室内覆盖勘测设计

📋 任务描述

本任务主要介绍室内覆盖工程中的勘测与设计工作。

📋 任务目标

- 识记：室内覆盖勘测。
- 掌握：室内覆盖的设计工作。
- 熟悉：室内模拟测试。

📋 任务实施

一、室内勘测准备工作

俗话说："凡事预则立,不预则废。"室内覆盖勘测工作也是如此。如果你不想劳而无功,或者劳而无用,就需要认真地做好勘测前的准备工作,避免丢三落四,窝工废料。室内覆盖勘测前要进行三项准备工作:确定目标楼宇、获得进站许可和研究建筑图样。

首先,要和客户共同确定目标楼宇的场景覆盖要求,如目标楼宇是属于居民小区,还是办公大楼?是属于大型场馆,还是低矮别墅?这些场景的覆盖一般有什么难度,应该重点注意什么?覆盖范围、覆盖质量有什么要求?

然后,要和目标楼宇的物业管理部门或业主协调站点,获取进站勘测许可、信源安装许可、分布系统走线许可、可能的天线安装位置许可。

最后,最好能够从客户或业主那里获取目标楼宇的平面图或楼宇建筑结构图。如果实在无法获取,就需要勘测人员自己绘制平面图,同时用照相机拍摄建筑物结构图、走线图。在现场勘测之前,尽可能仔细地研究目标楼宇的图样,初步弄清楚可能的设备安装位置和走线路径。

勘测工具可以分为两大类：施工条件勘测工具和无线环境勘测工具。

施工条件勘测当然需要用纸和笔进行记录，最好提前设计一个勘测记录表，以防遗漏；还需要一个数码照相机，可以对目标楼宇的整体结构、可能的设备安装位置、走线位置进行拍摄；为了测量楼高、楼宇覆盖面积、走线长度，需要带上卷尺或测距仪；为了知道目标楼宇的准确位置，需要带上 GPS 定位仪；如果获取了目标楼宇的平面设计图或者是立体设计图，当然也要带上，这样可以方便很多。如果要自己绘制楼宇的结构图样，可带上指南针来定位方向。

无线环境测试工具主要是指室内无线环境的模拟测试工具，包括模拟测试用的吸顶天线、便携式计算机、模拟信号源、测试手机、接收机和扫频仪。注意要在计算机上安装好测试软件，包括室内已有的（可能是 GSM、WCDMA、TD-SCMDA 等）和拟建的（如 LTE 或 5G）无线制式测试软件。

在室内勘测之前，请按照表 4-1-1 检查是否带上了所需的工具。

表 4-1-1　室内勘测工具检查表

勘测工具	工具	作用	是否带上
施工条件勘测工具	勘测记录表和笔	记录勘测内容	
	数码照相机	对楼宇的整体结构、安装位置进行拍摄	
	卷尺、测距仪	测试楼宇的高度、覆盖面积	
	GPS 定位仪	楼宇位置的定位	
	目标楼宇的平面设计图	指导勘测	
	指南针	确定方向	
无线环境勘测工具	吸顶天线	模拟测试天线	
	安装测试软件的便携式计算机	模拟测试和数据存储	
	模拟信号源、连接线	发射特定制式的无线信号	
	测试手机、接收机	接收特定制式的无线信号	
	扫频仪	发现可能的干扰电磁波	

二、室内施工条件勘测

室内施工条件勘测是为了指导备货、工程施工和安装调测等各项工作。在室内覆盖的建设施工阶段，需要知道这是一个什么样的场景；目标覆盖区域是什么样的；是否有其他制式的室分系统；适合用什么样的信源设备，什么样的天线；如何走线，走线长度有多少；在什么地方安装，如何安装。这些问题的回答不能拍脑袋，凭空想象，答案必须从现场中找。

1. 建筑物施工环境勘测

对照建筑物的设计平面图（见图 4-1-1），结合现场勘测，清晰描述对设计、施工影响较大的室内覆盖特点，包括建筑物的作用、地理位置、楼宇高度、层数和覆盖面积等。

如果建筑物内部分为不同的功能区，需要分功能区进行描述。描述这些场景大约有多少用户，习惯使用什么样的业务。如果是多个楼宇组成的建筑群（见图 4-1-2），需要清晰描述各个楼宇之间的相对位置、距离。

需要描述的包括：这些楼宇周边有哪些室外宏站，在什么位置；距离有多大；中间有无阻挡，周边有无强磁、强电、强腐蚀的物体,可能对目标覆盖场景有什么样的影响;传输资源、供电条件是否具备等。表 4-1-2 是建筑物施工环境勘测的内容,供室分项目工程勘测人员使用。

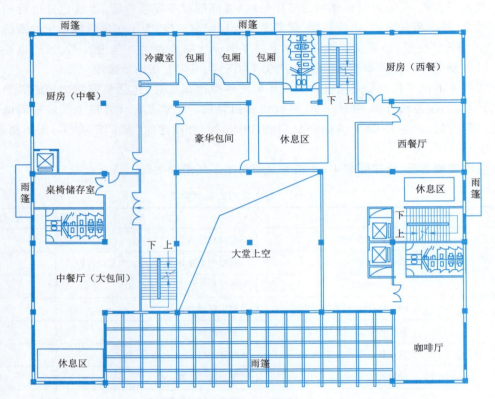

图 4-1-1　建筑物的设计平面图

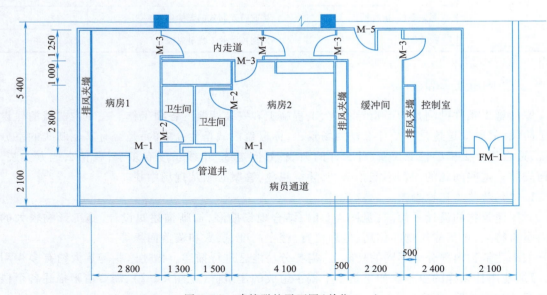

图 4-1-2　建筑群的平面图(单位:mm)

表 4-1-2　建筑物施工环境勘测的内容

序号	勘 测 内 容	信 息 记 录
1	拍摄大楼全景照片,获取目标楼宇的平面图样	□平面图样　　□楼宇照片　　□建筑物结构描述
2	保持图样和现场结构一致(注意消防图是否和实际一致)	□一致　　□不一致解决办法
3	全覆盖楼宇规模	建筑面积：　　层数：
4	获取室分站点周边宏站的信息,注意周边环境,分析可能的室内外影响,包括室外信号对室内的影响,以及室内信号的外泄	□周围宏站的信息　　□室外对室内的影响 □室内信号的外泄
5	确认墙体材料,估算空间损耗	墙体材料空间损耗
6	确认传输资源和电源	□传输可用,已到位　　□无传输资源 □交流电源可用　　□交流电源不可用
7	确认进场施工时间	可进场时间：□随时　　□其他
8	确认是否存在强磁、强电或者强腐蚀的环境	□存在　　□不存在

2. 施工条件勘察

在建筑物的内部,应该勘测的是机房条件、走线路由和天线挂点。

机房条件包括机房所在的楼层,机房的供电条件,机房的温度、湿度条件,大楼的防雷接地情况。选择什么样的机房,取决于物业协调的情况、运营商的要求以及现场勘测的实际情况。比较重要的楼宇可以选择专用机房,但机房租用成本较高;一般的室分信源常安装在电梯机房、弱电井中,其成本相对专用机房来说低一些,但由于电梯机房、弱电井的其他设备较多,有时安装不方便;小型信源设备无须专用机房,可以选择在地下停车场或者楼梯间进行安装。

室内覆盖走线路由可选择停车场、弱电井、电梯井道和天花板内走线;对于居民小区的走线路由,可将小区内自有的走线井作为走线路由的首选,尽可能避免与多个其他单位沟通走线路由的问题。

走线路由勘测确定的内容还包括弱电井的位置和数量、电梯间的位置和数量,天花板上面能否走线等。勘测弱电井要注意是否有走线的空余空间,走线是否受其他走线的影响;勘测电梯间要记录电梯间缆线进出口位置、电梯停靠区间。在进行 WLAN 工程勘测时,如果 AP 通过交换机的网线供电,则应该保证交换机和 AP 之间的网线长度在 100 m 以内。

工程的可实施性勘测是走线路由的第一原则,不能闭门造车,也不能按图索骥。在可实施的情况下,尽可能选择最短馈线路由。

天线挂点的勘测比较重要。往往存在这样的情况:理想的位置不能挂天线,而挂天线的位置却又不理想。一般在天花板上挂的是全向吸顶天线;在室内墙壁上挂的是定向板状天线;在室外楼宇天面上挂的是射灯天线;在室外地面上装的是美化天线。无论确定能够在什么地方安装天线,都要保证目标区域的有效覆盖。但是有些室内场景可实施的天线挂点非常难找,其中有业主准入的问题,也有覆盖效果差的问题。

天线挂点的选择要遵循以下原则:

(1)根据楼宇场景的不同,确定不同的天线挂点密度,例如在空旷环境下,间隔 15~20 m 布放一个天线;玻璃隔挡的场景 10~15 m 布放一个天线;砖墙阻隔的场景 8~11 m 布放一个天线;混凝土墙阻隔的场景 4~8 m 布放一个天线。

(2)尽量选择空旷区域,避开室内墙体阻挡。

(3)在住宅楼宇里,天线尽量设置在室内走道等公共区域,避免工程协调困难。

(4)在楼宇的窗口边缘,选用定向天线,避免室内信号外泄。

(5)对于内部结构复杂的室内场景,要选用小功率天线多点覆盖的方式,避免阴影衰落和穿墙损耗的影响。

(6)需要室内外配合进行无线覆盖的楼宇,要确定室外地面、楼宇天面、楼宇墙壁是否有适合布放天线的位置。

在勘测天线挂点的时候,准备好建筑物的结构图样。在适合做天线挂点的相应位置处进行标记。图 4-1-3 是某大型超市天线挂点的勘测图,天线间距为 15~30 m。

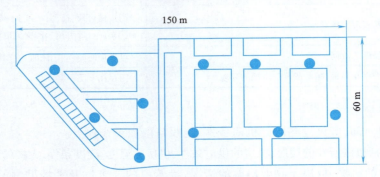

图 4-1-3 某大型超市天线挂点的勘测图

图 4-1-4 是某大型酒店天线挂点的勘测图,天线间距为 6~15 m。

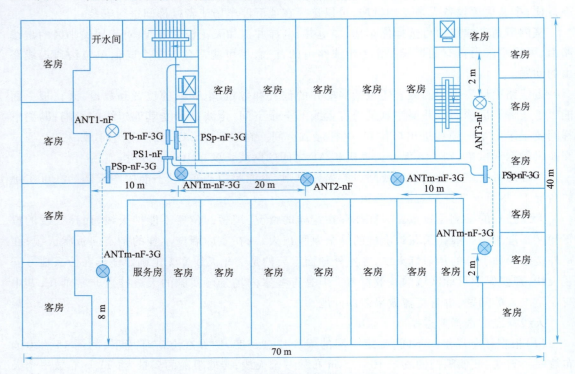

图 4-1-4 某大型酒店天线挂点的勘测图

电梯的穿透损耗较大,一般为 20~30 dB,电梯里多选用高增益定向天线,不用全向天线。

电梯天线挂点有 3 种方式:天线主瓣方向朝向电梯井道,如图 4-1-5(a)所示,这种方式下波束可以直接克服电梯轿厢损耗,覆盖较多楼层,GSM 一般可覆盖 8~10 层,WCDMA 和 TD-SCDMA 一般可覆盖 5~7 层;天线主瓣方向朝向电梯厅,如图 4-1-5(b)所示,这种方式由于定向天线波瓣宽度问题,覆盖范围有限,GSM 一般可覆盖 5~8 层,WCDMA 和 TD-SCDMA 一般可覆盖 3~5 层;电梯厅布放天线,如图 4-1-5(c)所示,这种方式下天线需要克服两层门的损耗及钢筋混凝土的墙体损耗,损耗较大,覆盖范围有限,LTE 覆盖 3 层以内,一般只在低矮楼层使用,不建议在高层楼宇的电梯覆盖中使用。

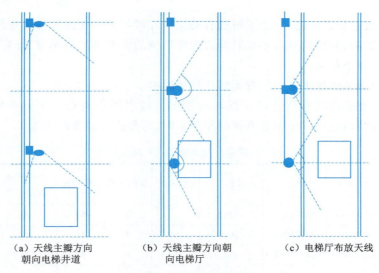

(a)天线主瓣方向朝向电梯井道　　(b)天线主瓣方向朝向电梯厅　　(c)电梯厅布放天线

图 4-1-5　电梯天线挂点选择

实际工程中具体室内施工条件的勘测内容可以参考表 4-1-3。

表 4-1-3　室内施工条件的勘测内容

序号		勘测内容	信息记录
1	机房条件	机房类型	□专用机房　□电梯井　□弱电井　□地下停车场　□楼梯间　□其他
2		机房所在的楼层	
3		机房的供电条件	□具备　□欠缺
4		机房的温度	
5		机房的湿度	
6		大楼的防雷接地	□防雷　□接地
7	走线路由	弱电井	位置数量 是否有空余空间特殊考虑
8		电梯间	位置数量 是否有空余空间特殊考虑
9		天花板	能否走线特殊考虑
10		WLANAP 和交换机的网线	长度特殊考虑

续表

序号	勘测内容		信息记录
11	天线挂点	适合布放天线的位置	□室外地面　□楼宇天面　□楼宇墙壁　□室内天花板　□室内墙壁
12		天线建议选型	□全向吸顶天线　□板状天线　□射灯天线　□美化天线　□其他
13		天线挂点位置图	□完成　□没有
14		电梯天线挂点	□天线朝向电梯井道　□天线朝向电梯厅　□电梯厅布放天线

三、无线环境勘测

在设计和建设室分系统之前，要了解已有的无线环境状况。重点勘测已有的无线环境对新建的室分系统的影响，新建的室分系统对周边无线环境的影响，即"影响谁、谁影响"的问题。

1. 室外、室内两个维度

从室外、室内两个维度来评估已有无线环境的影响。

从室外来看，要获取楼宇周边的无线环境情况。楼宇周边站点及工程参数信息（可参见表 4-1-4），分析这些站点和室分覆盖系统的相互影响，需要进行必要的测试。

表 4-1-4　某室分场景周边 TD 站点信息表

站点名	CellID	经度	纬度	方向角/(°)	电下倾	机械下倾	站高/m	P-CCPCH 发射功率	频点	辅频
Site1	60924	112.44099	34.71927	330	6	4	58	32	10120	10096
	60925	112.44099	34.71927	100	6	4	58	33	10080	10104
	60926	112.44099	34.71927	220	6	8	58	34	10112	10088
Site2	57744	112.44452	34.72181	340	6	7	42	32	10112	10088
	57745	112.44452	34.72181	100	6	8	42	37	10096	10120
	57746	112.44452	34.72181	170	6	6	42	30	10104	10080
Site3	3454	112.43633	34.72209	350	6	2	32	36	10080	10104
	3455	112.43633	34.72209	150	6	6	32	33	10088	10112
	3456	112.43633	34.72209	250	6	6	32	35	10104	10080

从室内来看，要注意勘测已有分布系统的情况，不管是其他运营商的已有系统，还是本运营商的其他制式系统。如果存在其他运营商的系统，为了尽可能节约成本，要确定是否有共建共享的可能性，如果存在本运营商的其他制式的分布系统，要确定已有的分布系统是否能够直接利用，还是由于部分射频器件不支持较高频段，需要进行必要的宽带化改造。表 4-1-5 是室分系统无线环境勘测的内容。

表 4-1-5　室分系统无线环境勘测的内容

序号	勘测内容	信息记录
1	确认是热点覆盖还是建筑全覆盖（对于 WLAN，这一点很重要）	□热点覆盖　□全覆盖
2	全覆盖楼宇是否已建设室分系统	□是　□否
3	已有室分系统是本运营商的还是其他运营商的	□本运营商　□其他运营商
4	没有建设室分系统的是否要求新建室分系统	□是　□否

续表

序号	勘测内容	信息记录
5	已建室分系统的楼宇的 DAS 系统频率范围是否支持 4G、WLAN 和 LTE	□是 □否
6	是否有室分系统设计图样,若没有是否需要重新绘制	□是 □否
7	对不满足频率范围的室分系统,客户是否同意改造	□是 □否
8	检查分布天线位置是否能够满足 4G、WLAN 覆盖要求	□是 □否
9	对于合路系统,确定新接入系统的合路位置(4G 信源和 WLAN 的 AP 信源建议采用靠近天线端合路的方式),在设计方案中明确表示,并提供合路位置照片	提供合路位置照片
10	检查合路位置是否具备安装条件(电源、网络资源)	□是 □否

实现重要楼宇的室内无线深度覆盖,建设室分系统是多数无线制式的首要选择。但对于 WLAN 来说,除了选择室分系统覆盖外,还可以选择室内放装型的 AP 进行直接覆盖。这就需要勘测人员确定室内放装型 AP 的放装位置,如图 4-1-6 所示。

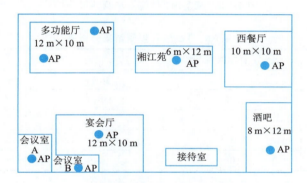

图 4-1-6 室内放装型 AP 布放的勘测内容

2. 电磁勘测的内容

在室外,驱车沿着一定的路径进行测试,称为路测(Driving Test,DT);而在室内,只能使用手推车沿着室内的路线测试,称为步测(Walking Test,WT)。通过在室内不同楼层对室外、室内相关无线信号的测试,来勘测室内外无线覆盖的相互影响,如图 4-1-7 所示。

图 4-1-7 室内无线信号步测图

在室内环境中,提前选定测试楼层,进行扫频测试。在室分的规划设计文件中,需要给出步测结果的分析图表,如图 4-1-8 和表 4-1-6 所示。

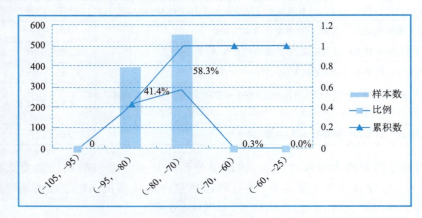

图 4-1-8 某室内 TD 信号步测结果分析

表 4-1-6 TD 信号步测结果分析表

区间/dBm	样本数	比例	累积数
(-105,-95)	0	0.0%	0.0
(-95,-80)	395	0.4	0.4
(-80,-70)	557	58.3%	1.0
(-70,-60)	3	0.0	100.0%
(-60,-25)	0	0.0	100.0%

进行无线环境测试时需要注意以下内容。
(1)不一定每层都测(楼体结构相同的每隔 4~6 层测一层即可)。
(2)非标准楼层每层必测(对建筑结构不同的楼层每层必测)。
(3)确定无信号的区域可不必扫频测试(如电梯、停车场等)。
2G、3G、4G 电磁环境勘测记录包括以下内容。
(1)覆盖水平。明确室外基站进入室内的信号强度、数量,盲区范围;BCCH 的接收电平值(GSM),PCCPCH 的接收电平值(TD-SCDMA)或 CPICH 的接收电平值(WC-DMA)。
(2)干扰水平。是否存在系统内外电磁干扰,区域范围;包含 Ec/Io、BLER(WCDMA)、C/I(TD-SCDMA 和 GSM)。
(3)切换情况。乒乓效应区域、相邻小区载频号、电平值。
(4)参数。CellID、LAC、BSIC(GSM)、是否开跳频及跳频方式(GSM)、扰码 SC 值(TD-SCDMA、GSM)。
(5)KPI 指标。统计接通率、掉话率、切换成功率和通话等级等。
对于 WLAN 的室内覆盖设计,勘察时要重点测试是否存在蓝牙设备、微波炉、无线电话和无线摄像头等使用 2 400 MHz 公用频段的设备对 WLAN 的干扰。

四、室内模拟测试

室内模拟测试是在初步完成天线挂点的设计方案后,在没有建设施工之前,进行的设计效果模拟测试,其目的是模拟出按照某一设计方案进行建设开通后的覆盖效果。在模拟测试之前,需要准备定向吸顶天线、宽频射灯天线、安装好路测软件的便携式计算机、测试手机和信号源发生器。

室内模拟测试遵循以下步骤:

(1)连接模拟测试系统。信号源的输出端口分别连接到室内不同挂点的天线端口。

(2)调节信号源发生器的频点。频点要调节到所设计系统的工作频点处(与 GSM、WCDMA、TD-SCDMA、LTE、5G 等系统相对应的工作频点)。

(3)调整输出功率。天线口的总输出功率调整到 10~15 dBm,尽量与设计方案保持一致。

(4)锁定频点,进行测试。室内模拟测试系统正常运行后,锁定所要测试的频点,按照拟定好的路线进行 WT 测试,从而得出房间各个角落的覆盖效果图。如果发现有明显弱覆盖的地方,要确定是否有必要重新完善方案。

在进行室内模拟测试的时候,应该注意两个"典型",即在"典型"楼层的"典型"位置进行测试。

所谓典型楼层,是指最高层或者最底层,以及建筑结构和其他楼层不一样的非标准楼层。

所谓典型位置,是指每层中的走廊、门后、窗口、电梯口和室内边缘等可能产生弱覆盖的典型位置。

任务小结

本任务介绍了室内覆盖勘测设计工作,主要包括室内勘测准备工作、室内施工条件勘测、无线环境勘测和室内模拟测试。

※思考与练习

一、填空题

1. 室内覆盖勘测设计工作包括_____、_____、_____和_____。
2. 室内覆盖勘测前要进行三项准备工作:_____、_____和_____。
3. 勘测工具可以分为两大类:_____和_____。
4. 建筑物施工环境勘测的内容包括建筑物的_____、_____、楼宇高度、_____和_____等。
5. 在建筑物的内部,应该勘测的是_____、_____和_____。
6. 一般在天花板上挂的是_____,在室内墙壁上挂的是_____,在室外楼宇天面上挂的是(射灯天线),在室外地面上装的是_____。
7. 电梯天线挂点有 3 种方式:_____、_____、_____。
8. 室内施工条件勘测包括建筑物_____和_____。
9. 电磁环境勘测记录内容包括_____、_____、_____、_____、_____。
10. 在模拟测试之前,需要准备定向_____、_____、安装好路测软件的便携式计算机、_____。
11. 在进行室内模拟测试的时候,应该注意两个"典型",即在_____的_____进行测试。

12. 室内模拟测试的步骤包括连接_____、_____、_____、_____。

二、选择题

1. 以下不属于施工条件勘测工具的是( )。
   A. 数码照相机   B. 测距仪   C. 指南针   D. 扫频仪
2. 以下不属于无线勘测工具的是( )。
   A. 吸顶天线   B. 接收机   C. GPS定位仪   D. 连接线
3. 在进行建筑物内部勘察时,需勘察机房条件,机房条件包括( )。
   A. 机房所在楼层   B. 机房的供电条件
   C. 机房的温度、湿度   D. 大楼的防雷接地情况
4. 室内覆盖走线路由可以选择在( )走线。
   A. 停车场   B. 弱电井   C. 天花板内   D. 厨房
5. 在进行无线环境勘测时,需要注意( )。
   A. 不一定每层都测   B. 对建筑结构不同的楼层每层必测
   C. 标准楼层每层必测   D. 确定无信号的区域可不必扫频测试
6. 电磁环境勘测记录内容不包括( )。
   A. AP放装位置   B. 覆盖水平   C. 参数   D. KPI指标

三、判断题(正确用Y表示,错误用N表示)

1. ( )室内施工条件勘测是为了指导备货、工程施工和安装调测等各项工作。
2. ( )天线主瓣方向朝向电梯井道是电梯天线挂点的方式之一,这种方式下波束可以直接克服电梯轿厢损耗,覆盖较多楼层。
3. ( )在进行无线环境勘测时,需要从室外、室内两个维度来评估已有无线环境的影响。
4. ( )在室内,只能使用手推车沿着室内的路线测试,称为路测。
5. ( )室内模拟测试的目的是模拟出按照某一设计方案进行建设开通后的覆盖效果。
6. ( )所谓典型楼层,是指最高层或者最底层,以及建筑结构和其他楼层不一样的非标准楼层。

四、简答题

1. 举例说明勘测工具的分类。
2. 天线挂点的选择要遵循哪些原则?
3. 不同的天线挂点如何选择天线类型?
4. 室内模拟测试遵循哪些步骤?
5. 简述电梯天线挂点的3种方式。

项目五
室分系统规划设计

任务一 了解室分系统规划设计目标

任务描述

本任务主要介绍室分系统规划设计目标。

任务目标

- 识记:室分系统规划。
- 掌握:室分系统规划设计目标。
- 掌握:室分系统设计要求。

任务实施

做任何事情,都应该有的放矢,这样才能事半功倍。明确的设计目标,是进行室分系统规划的前提。任何无线制式的室分系统在大的设计方向上都应保证覆盖水平、满足容量需求、抑制干扰信号,进而提高业务质量。具体在某一种无线制式上有些指标的具体数值又有些差别。

下面以 TD-SCDMA、WCDMA 和 TD-LTE 室分系统设计指标为例,从覆盖、容量、干扰和质量几个方面介绍常用设计目标要求。

一、覆盖水平要求

无线信号强度随时随地变化,覆盖水平的一般要求是终端在目标覆盖区内的 95% 的地理位置,99% 的时间可接入网络。但在实际应用的时候,认为信号变化的统计规律和时间没有关系,一般不对时间上的覆盖概率作要求,只从地理位置的覆盖概率的角度给出要求。

室分系统的设计首先要保证室内信号满足业务接入和保持的最小覆盖电平要求,还要保证室内小区在目标区域成为主导小区。

在一些封闭区域,信号比较干净,室内小区很容易成为主导小区,信号只要大于业务的最小覆盖电平要求就可以了。而在一些住宅高层，容易收到来自四面八方的信号，主导小区难以控制，这样就要求室内小区的信号强度要大一些。

室分系统信号边缘覆盖电平、TD-SCDMA 使用主公共控制物理信道（Primary Common Control Physical Channel，PCCPCH）的电平、WCDMA 使用公共导频信道（Common PilotChannel，CPICH）的电平，可以参考以下接收信号码功率（Received Signal Code Power，RSCP）要求实际应用时要和客户确认。

（1）地下室、电梯等封闭场景。

TD-SCDMA：要求 90% 覆盖区域的 PCCPCHRSCP ≥ -90 dBm。

WCDMA：要求 90% 覆盖区域的 CPICHRSCP ≥ -90 dBm。

（2）楼宇低层。

TD-SCDMA：要求 90% 覆盖区域的 PCCPCHRSCP ≥ -85 dBm。

WCDMA：要求 90% 覆盖区域的 CPICHRSCP ≥ -85 dBm。

（3）楼宇高层。

TD-SCDMA：要求 85% 覆盖区域的 PCCPCHRSCP ≥ -85 dBm。

WCDMA：要求 85% 覆盖区域的 CPICHRSCP ≥ -85 dBm。

（4）TD-LTE 无线网规划指标。

TD-LTE 室内覆盖需要遵循以下原则，即在基站设备工作正常的情况下，对移动通信的盲区覆盖应保证 90% 以上覆盖区域的信号强度 RSRP（Reference Signal Received Power，参考信号接收功率）不低于 -105 dBm，且信噪比 SINR 要求大于等于 3 dB；对基站信号重叠区，应保证 90% 以上覆盖区域的信号强度 RSRP 不低于 -95 dBm，且信噪比 SINR 要求大于等于 3 dB；在满足以上条件下，手机应优先占用室内分布系统信号。泄漏建筑物周围 10 m 外室内分布系统的信号强度不应高于 -110 dBm。

二、干扰控制要求

室分系统的建设不应影响到室外信号，室外信号也不应干扰到室分系统的信号，这就涉及室内外泄漏的控制。在室外 10 m 处应满足室内小区的信号 TD-SCDMA PCCPCH RSCP ≤ -95 dBm，WCDMA CPICH RSCP ≤ -95 dBm，或者室内小区外泄到室外的信号的 PCCPCH RSCP 比信号最强的室外小区小 10 dB。同样在室内小区覆盖区域，室外小区的信号应满足 PCCPCH RSCP ≤ -95 dBm，WCDMA CPICH RSCP ≤ -95 dBm，或者室内小区的信号比室外小区泄漏进来的信号大 10 dB。

其他无线制式也会有类似的要求。室内外信号的泄漏在信号质量上的表现就是载干比的下降。一般在较为封闭的室内场景，要求 TD-SCDMA PCCPCH C/I ≥ -3 dB，WCDMA CPICH Ec/Io ≥ -12 dB；在一般楼宇，要求 TD-SCDMA PCCPCH C/I ≥ 0 dB，WCDMA CPICH Ec/Io ≥ -12 dB。

三、容量要求

室分系统的容量是指 CS 业务支持多少忙时话务量，PS 业务支持多少忙时吞吐量，HSDPA 业务支持多少边缘吞吐率。但是在不同室内环境下，服务的用户数不同，总的容量需求不一样。

容量要求一般要给出单用户忙时的 CS 业务等效语音话务量，单用户忙时的 PS 业务总吞吐量，HSDPA 业务小区的边缘吞吐率。

这个要求,TD-SCDMA 和 WCDMA 制式没有多大差别。下面给出参考值,在实际应用时要具体问题具体分析。

(1)单用户忙时的 CS 业务等效语音话务量:0.02Erl。

(2)单用户忙时的 PS 业务总吞吐量:下行,500 kbit;上行,150 kbit。

(3)HSDPA 边缘吞吐率:300~400 kbit/s。

(4)TD-LTE 边缘速率:单小区 20 MHz、10 个用户同时接入时,小区边缘用户速率约 1 Mbit/s(DL)、250 kbit/s(UL)。

四、业务质量要求

业务质量主要体现在业务接入的难度和接入后业务保持的效果上。

接入的难度一般用阻塞概率(也称呼损率)来表示,阻塞概率是指一个业务发起呼叫,由于系统容量不足、干扰受限,有多大的概率被拒绝。

阻塞概率越大(即可以拒绝很多业务请求),需要的资源就越少;阻塞概率越小(即不允许拒绝太多业务请求),需要的资源就越多。一般情况下,无线信道的阻塞概率为 2%。

接入后业务保持的效果,在网络侧一般用误块率指标(BLERTarget)来表示。误块率要求越低,业务的解调门限要求就越高,需要的系统资源也就越高;反之,误块率要求越高,业务的解调门限就可以低一些,需要的系统资源也就少一些。

下面给出不同业务的误块率要求的参考值,在实际应用时要具体问题具体分析。

(1)AMR12.2k(语音业务):1%。

(2)CS64k(视频业务):0.1%~1%。

(3)PS 业务、HSDPA 业务(数据业务):5%~10%。

(4)TD-LTE:无线信道呼损,不高于 2%;

(5)TD-LTE:可接通率,要求在无线盖区内的 90% 位置,99% 的时间移动台可接入网络。

任务小结

本任务主要学习了室分系统规划设计目标,具体讲述了室内覆盖系统的几个指标要求:覆盖、干扰、系统容量、业务质量。

任务二 掌握室内无线传播模型

任务描述

本任务主要介绍在进行室内分布系统设计过程中使用到的常用的室内无线传播模型。

任务目标

- 识记:无线传播模型。

- 掌握:三种室分传播模型。
- 掌握:影响室内传播损耗的主要因素。

任务实施

一、自由空间传播模型

在空间传播的无线电波,像一个活泼顽皮的小男孩,身影无处不在;又像一个感情细腻的小女孩,性情随时变化。无线电波这种随时随地变化的特点可以称为随机过程。

"随机"是指不可预测性,同一地点的下一时刻的状态不可预测;同一时间的不同地点的状态不可预测。"不可预测"不等于"不可认识",随机过程一般都遵循某种统计规律。无线电波电平在传播过程中随时随地变化的统计规律是什么呢?

对无线信号在某一区域的瞬时采样值进行统计,可以得出无线电波瞬时值的统计规律服从瑞利分布;对无线信号在一定区域的电平中值进行统计,可以得出电平中值的统计规律服从对数正态分布。覆盖设计首先要满足对无线电波覆盖概率的要求。覆盖概率一般是指在一定空间和一段时间内覆盖电平大于某一水平的百分比,如95%的区域范围内、99%的时间超过最低电平要求。

由于无线电波电平大小的统计规律不随时间的推移而变化,但随着无线环境的不同而有所不同。也就是说,研究无线电波电平大小的统计规律无须因时而变,但需因地制宜。

传播模型用于描述无线电波电平随地点不同的变化规律。这里的地点不同主要是指离无线电波发射源距离的不同。由于室内无线环境较为封闭,隔墙、隔层,阻挡严重,室外无线环境中使用的传播模型在室内大多不适用,很有必要介绍室内无线环境下的无线电波传播模型。

在浩瀚的太空中,太阳,一个炙热的球体向外辐射光和热。和无边无际的宇宙相比,太阳只能算一个点,称为点源。这个点源辐射的能量以球面的形式向外扩张,越往远处,能量分布的球面越大,单位面积上的能量分布越小。等到了地球上,接收到的光和热已经是太阳辐射的能量的亿万分之一了。但没关系,这点光和热足以照亮人间、温暖大地。

自由空间传播模型,一个理想点源以球面的形式向外发射无线电波,发射功率为 $P_t(W)$,距离点源 $d(m)$ 处单位面积的功率为

$$P_s = \frac{P_t}{4\pi d^2} \tag{5-2-1}$$

接收天线的有效接收面积为 S,它的大小和无线电波的波长 λ 有直接的关系为

$$S = \frac{\lambda^2}{4\pi} \tag{5-2-2}$$

则接收端接收到的功率 P_r 为

$$P_r = P_s \times S = \frac{P_t}{4\pi d^2} \times \frac{\lambda^2}{4\pi} \tag{5-2-3}$$

于是自由空间中路损 L 为

$$L = -10\lg\left(\frac{P_r}{P_t}\right) = 20\lg\left(\frac{4\pi d}{\lambda}\right) \tag{5-2-4}$$

经过整理,自由空间传播模型如下:

$$L = 32.45 + 20\lg d + 20\lg f \tag{5-2-5}$$

式中，L 的单位为 dB；d 的单位为 km；f 的单位为 MHz。

给定无线制式的频率，自由空间中传播损耗就只和距离 d 有关系了。当然，距离 d 用不同的单位表示，上式的数值关系会有所不同。

当 $f=900$ MHz 时，$L=31.55+20\lg d$（d 的单位为 m），$L=91.55+20\lg d$（d 的单位 km）；当 $f=1\,800$ MHz 时，$L=37.55+20\lg d$（d 的单位为 m），$L=97.55+20\lg d$（d 的单位 km）；当 $f=2\,000$ MHz时，$L=38.45+20\lg d$（d 的单位为 m），$L=98.45+20\lg d$（d 的单位 km）；当 $f=2\,400$ MHz 时，$L=40.05+20\lg d$（d 的单位为 m），$L=100.05+20\lg d$（d 的单位 km）。由以上内容可以得出以下几点。

(1) 在自由空间中，无线制式的频率增加 1 倍，路径传播损耗将增加 6 dB。
(2) 在自由空间中，距离增加 1 倍，传播损耗增加 6 dB。
(3) 在自由空间中，距发射源 1 m 处、10 m 处和 100 m 处的传播损耗见表 5-2-1。

表 5-2-1　自由空间传播损耗参考表

与发射源的距离/m	传播损耗/dB			
	$f=900$ MHz	$f=1\,800$ MHz	$f=2\,000$ MHz	$f=2\,400$ MHz
1	31.55	37.55	38.45	40.05
10	51.55	57.55	58.45	60.05
100	71.55	77.55	78.45	80.05

在现实中，无线环境的传播模型都是以自由空间传播模型为理论基础发展起来的，下面分别进行介绍。

二、Keenan-Motley 室内传播模型

影响室内环境传播损耗的主要因素是建筑物的布局、建筑材料和建筑类型等。和室外环境相比，室内无线环境相对封闭，空间有限，无线电波传播规律复杂。适用于室外的 Cost231-Hata 传播模型，不再适用于室内传播环境。

Keenan-Motley 是室内无线环境比较常用的传播模型，是自由空间传播模型在较为空旷的室内环境（如大型场馆、体育场馆等场景）下的变形，公式如下：

$$L = L_0 + 10n\lg d \tag{5-2-6}$$

式中，L 为室内环境下距离无线电波发射端 d 米处的路损；L_0 是某一无线制式在距离室内无线电波发射端 1 m 处的路损；n 为环境因子，也称衰减系数，一般取值为 2.5~5，见表 5-2-2。

表 5-2-2　室内场景环境因子参考值

场　　景	一般室内场景	同　层	隔　层	隔两层
环境因子（n）	3.14	2.76	4.19	5.04

在常见的办公大楼、住宅和商场等实际场景中，室内传播模型的 Keenan-Motley 公式可以修正为

$$L = L_0 + 10n\lg d + \delta \tag{5-2-7}$$

式中，δ 是由于不同室内无线环境的特殊性会引起相应的传播损耗误差而增加的修正值，可以看作是阴影衰落余量。阴影衰落余量由边缘覆盖概率要求和室内环境地物标准差决定。

在室内环境中,和发射端距离相同的不同地点,无线信号电平大小差别很大,这是由于不同的环境结构和不同的物理特性使得室内无线电波大小随时随地波动,存在一定的地物标准差。有时候,室内人员走动一下,都会引起无线电波的较大变化。地物标准差不同的室内环境、不同的无线制式差别较大,要根据实际室内环境确定具体数值,取值参考表 5-2-3。

表 5-2-3 室内场景标准差参考

场景	一般场景	同层	隔层	隔两层
标准差	16.3	12.9	5.1	6.5

三、ITU-RP.1238 模型

ITU-RP.1238 推荐的室内传播模型分视距(LOS)和非视距(nLOS)两种情况。

在室内视距传播条件下,有:

$$L_{\text{LOS}} = 20\lg f + 20\lg d - 28 + \delta \tag{5-2-8}$$

在室内非视距的情况下,有:

$$L_{\text{nLOS}} = 20\lg f + 10n\lg d + L_{\text{f}}(n) - 28 + \delta \tag{5-2-9}$$

式中,n 表示环境因子,取值可参考表 5-2-2;f 表示频率,单位是 MHz;d 表示移动台距发射机的距离,单位是 m,$d > 1$ m;$L_{\text{f}}(n)$ 表示楼层穿透损耗系数,取值参考表 5-2-4 和表 5-2-5;δ 表示阴影衰落余量。

表 5-2-4 楼层穿透损耗取值

适用频率范围	住宅	办公室	商场
1 800 ~ 2 000 MHz	$4n$	$15 + 4(n-1)$	$6 + 3(n-1)$

注:n 表示要穿透的楼层,$n \geq 1$。

表 5-2-5 不同材料的穿透损耗取值

材料类型	损耗/dB
普通砖混隔墙(<30 cm)	10 ~ 15
混凝土墙体	20 ~ 30
混凝土楼板	25 ~ 30
天花板管道	1 ~ 8
电梯箱体轿顶	30
人体	3
木质家具	3 ~ 6
玻璃	0

该模型公式的适用范围为:

(1)频率 1 800 ~ 2 000 MHz。

(2)移动台距基站的距离为 $d > 1$ m。

任务小结

本任务主要学习了室内无线传播模型,介绍了室内无线分布的三种传播模型。

任务三　室内链路预算

任务描述

本任务主要介绍室内链路预算。

任务目标

- 识记:链路预算。
- 掌握:室内天线设计原则。
- 掌握:通过链路预算估算小区覆盖范围。

任务实施

一、最大允许路损和最小耦合损耗

无线电波从发射端发出,要经历各种损耗、增益,也可能经历各种衰落、干扰,一直到接收端被接收。链路预算是指考虑影响无线电波传播过程的各种因素,计算无线电波在一定无线环境中,可能传播的最远距离和最大面积,从而进行覆盖估算。

室内覆盖的链路预算可分为 3 段,如图 5-3-1 所示。

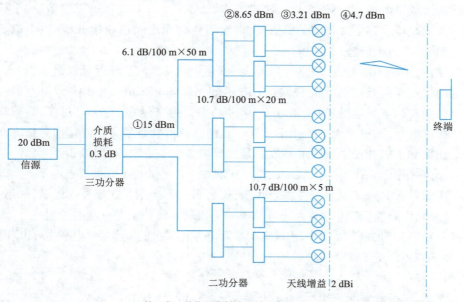

图 5-3-1　室内覆盖的链路预算图示

(1) 第一段是从信源发射端口到天线口。这一段的损耗包括馈线损耗、功分器和耦合器的分配损耗与介质的物理损耗。室分系统存在着多天线进行无线电波功率分配的分配损耗。这一点和室外宏站系统不同,在室外宏站系统中,从信源发射端口到天线口一般主要是馈线损耗。室分系统的天线增益比室外宏站系统的天线增益小很多,因为室内环境适合用小功率天线多点覆盖,而室外环境一般使用较大增益天线,进行较大范围的覆盖。

在图 5-3-1 所示的室分系统中,从信源发射端口到天线口,用到一个三功分器(分配损耗:4.7 dB,介质损耗:0.3 dB)、三个二功分器(分配损耗:3 dB,介质损耗:0.3 dB)、一段 50 m 长的 7/8 英寸馈线(馈线损耗:6.1 dB/100 m × 50 m = 3.05 dB)、一段 20 m 长的 1/2 英寸馈线(馈线损耗:10.7 dB/100 m × 20 m = 2.14 dB)、一段 5 m 长的 1/2 英寸馈线(馈线损耗:10.7 dB/100 m × 5 m = 0.53 dB)、天线(增益:2 dBi)。

信源口输出功率为 20 dBm,信源到三功分器的馈线很短,损耗忽略不计,经过三功分器的①处,功率为 20 dBm − 0.3 dB − 4.7 dB = 15 dBm;再经过 50 m 的馈线和二功分器的②处,功率为 15 dBm − 3.05 dB − 0.3 dB − 3 dB = 8.65 dBm;再经过 20 m 的馈线和二功分器的③处,功率为 8.65 dBm − 2.14 dB − 0.3 dB − 3 dB = 3.21 dBm;再经过 5 m 的馈线,到达天线口的④处,功率为 3.21 dBm − 0.53 dB + 2 dBi = 4.7 dBm。

(2) 第二段是室内无线环境。室内无线环境主要的损耗是路损、隔墙隔层穿透损耗,当然还要考虑一定的阴影衰落余量。第二讲介绍了室内无线传播模型,给出了室内无线环境下,传播损耗和传播路径的数学关系。

(3) 第三段是无线电波在终端的接收和发送。这一部分和室外环境的完全一样。这一段主要考虑的是终端的最小接收电平。当然,在室内环境下,有时候不仅要满足终端的最小接收电平,还要满足一定的边缘覆盖电平。通常情况下,边缘覆盖电平要求比终端的最小接收电平大很多。

手机不能离天线口太远,也不能太近。离得太远、收不到天线口发出的无线信号,手机无法使用;离得太近,天线口收到了太强的手机信号,以至于使信源底噪迅速抬升,其他手机的信噪比急剧恶化,使其他手机无法使用。

问题的关键是:手机不能太远,最远可以是多少?手机不能太近,最近可以是多少?

手机允许的最远距离是由最大允许路损(Maximal Allowed PathLoss,MAPL)决定的。随着手机离天线口的距离越来越远,路损越来越大,信号功率则越来越小,到一定程度,信号功率小于手机的最小接收电平,手机就无法工作了。这一点的路损值就是最大允许路损。最大允许路损是由天线口功率和手机的最小接收电平或者是边缘覆盖电平决定的,如下式:

$$\text{最大允许路损(MAPL)} = \text{天线口功率} - \text{手机最小接收电平(边缘覆盖电平)} \quad (5\text{-}3\text{-}1)$$

这个式子中的最大允许路损没有考虑干扰余量、阴影衰落余量。如果考虑的话,如下式:

$$\text{最大允许路损(MAPL)} = \text{天线口功率} - \text{手机最小接收电平} - \text{各种余量} \quad (5\text{-}3\text{-}2)$$

【例 5-3-1】某一制式的室分系统中,天线口功率为 5 dBm,手机的最小接收电平为 − 100 dBm,计算该室分天线的覆盖范围是多远?

解:由题目可知:

$$\text{最大允许路损(MAPL)} = 5 - (-100) = 105 \text{ dB}$$

传播模型描述了距离和路损的关系。假若此室内无线环境的传播模型为

$$L_{\max} = 38.4 + 38 \lg d_{\max} + 15 = 105$$

于是 $d_{max} = 23$ m。

也就是说,在此室内场景和该无线制式下,手机离天线口的最远距离是 23 m,即天线覆盖范围的半径是 23 m。

从上面的推导可以得出:最大允许路损越大,说明天线覆盖的范围越大。计算最大允许路损应该分上行、下行两个方向,对公共信道、业务信道两种类型的信道分别进行计算。从计算的结果中,取受限的最大允许路损(几个计算结果中最小的值)作为手机允许的最远距离计算依据。

如果手机离天线越来越近,手机的发射功率在功控的作用下应该逐渐降低。但是降到一定程度,降到了手机的最小发射功率,手机的发射功率不能再低了。于是在此之后,手机虽然离天线口很近,但发射功率却不能降低,并且信源的底噪就开始抬升,对该小区覆盖范围内的其他用户造成干扰。

手机离天线口的最小距离是由最小耦合损耗(Minimal Coupling Loss,MCL)决定的。手机发出的信号到达信源的损耗不能太小,太小的话,会阻塞接收机。手机和信源的最小耦合损耗由手机的最小发射功率和信源的底噪决定。

$$最小耦合损耗(MCL) = 最小发射功率 - 信源的底噪 \quad (5\text{-}3\text{-}3)$$

式(5-3-3)为灵敏度降低 3 dB 时的最小耦合损耗。

【例 5-3-2】在某一制式的室分系统中,手机的最小发射功率为 -48 dBm,基站底噪为 -108 dBm,那么:

$$最小耦合损耗(MCL) = -48 \text{ dBm} - (-108 \text{ dBm}) = 60 \text{ dB}$$

假若室分系统的损耗为 15 dB(包括馈线损耗、射频器件介质损耗和功率分配损耗),室内传播模型是 $L = 38.4 + 38 \lg d$(视距范围内不考虑阴影衰落余量),求手机距离天线的最小距离?

解答:由题目可得下式:

$$38.4 + 38 \lg d + 15 \leq 60 \quad (5\text{-}3\text{-}4)$$

于是 $d_{min(m)} = 1.1$ m。

也就是说,在此室内场景和该无线制式下,允许手机离天线口的最近距离是 1.1 m。

总结:室内天线的有效覆盖范围由最大允许路损和最小耦合损耗确定。在上面列举的例子中,有效覆盖范围在 1.1 ~ 23 m,如图 5-3-2 所示。

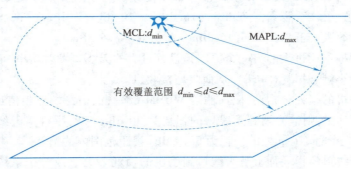

图 5-3-2 室内覆盖的有效覆盖范围

工程上,一般只要满足从信源端口到距离天线口 1 m 处的损耗大于最小耦合损耗便可。也就是说,一般把 1 m 作为天线的最小覆盖范围。另一方面,在可视范围内,如商场、超市、停车场和机场等空旷区域,天线的最大覆盖半径一般取 8 ~ 25 m;在多层阻挡的场景内,如宾馆、居民楼和娱乐场所,最大覆盖半径一般取 4 ~ 15 m。

二、天线口功率设计原则

天线口功率是室分系统设计要考虑的关键因素。

不同制式、不同场景对天线口功率的要求是不同的,多制式共天馈的室分系统要做到天线口的功率匹配。所谓功率匹配,是指能够使不同制式的单天线覆盖范围尽量一致的天线口发射功率。

天线口功率不能太大,也不能太小。

一方面,天线口功率不能太大。太大的话,超过了国家《电磁辐射防护规定》(GB 8702—1988),会对人体的健康造成损害;同时,太大的发射功率有可能阻塞其他系统的天线口,对整个室分系统造成干扰,导致很多时候有信号,但拨不通电话或者通话质量差的现象出现。

另一方面,天线口功率不能太小。太小的话,天线的覆盖范围有限,要想保证室内的覆盖质量,整个室内环境需要更大的天线密度,这就意味着需要更多的天线。这样,室分系统的物料成本和施工成本就会上升。当然,小功率天线多点覆盖除了增加成本的缺点之外,对室内信号均匀覆盖,提高信号质量还是有一定好处的。

天线口输出功率有可能有两种含义:一个是天线口的总功率;另一个是天线口某一信道的功率。有的系统,天线口总功率和天线口某一信号的功率相同,如 GSM 系统,天线口最大总功率和主 BCCH 信道(Broadcast Control Channel,BCCH)的最大功率相同;而有的系统,尤其是码分多址系统,存在多个信道共享总功率的问题,所以天线口某个信道的功率仅是总功率的一部分。

在 WCDMA 系统中,公共导频信道(Common Pilot Channel,CPICH)的功率约是总功率的 1/10,即导频信道功率比总功率少 10 dB。

在 TD-SCDMA 系统中,根据信道配置和信道复用程度的不同,主公共控制物理信道(Primary Common Control Physical Channel,PCCPCH)的功率约是总功率的 2/9 或者 2/5,即 PCCPCH 信道功率比总功率少 6.5 dB 或 4 dB(一般按 6.5 dB 计算)。

《电磁辐射防护规定》(GB 8702—1988)中规定,室内天线口发射总功率不能大于 15 dBm。这个要求是硬性规定,任何制式的室分系统设计都不能违背。于是在这个规定下,WCDMA 系统的天线口导频信道功率不能大于 5 dBm(15 dBm − 10 dB = 5 dBm);TD-SCDMA 的天线口 PCCPCH 信道功率不能大于 8.5 dBm(15 dBm − 6.5 dB = 8.5 dBm)。

天线口发射功率不能过大的另一个原因是设置过大的天线口发射功率,可能导致信源到接收机的损耗小于最小耦合损耗(MCL),从而阻塞接收机。

信源端口到手机的损耗包括两部分:假若 WCDMA 系统的信源端导频信道功率为 30 dBm,设天线口导频功率为 P,则信源端到天线口的损耗为 30 dBm − P;手机离天线口可能的最近距离是 1 m,则手机离天线口 1 m 处的损耗为 38.4 dB(视距范围内的损耗)。

从信源端到天线口的损耗加上从天线口到手机的损耗要大于或等于系统的最小耦合损耗(假设为 60 dB),即:

$$(30 \text{ dBm} - P) + 38.4 \text{ dB} \geqslant 60 \text{ dBm} \tag{5-3-5}$$

则有

$$P \leqslant 8.4 \text{ dBm}$$

综上所述,天线口最大发射功率受限于国家电磁辐射标准和系统的最小耦合损耗,二者计算出来的较小值作为最终的天线口最大发射功率参考值。

【例 5-3-3】天线口功率计算举例。

图 5-3-3 所示为某大楼 3 层的室分原理示意图,假设在 A 点所示的位置合路了 1 台 WLAN 的 AP 设备,机顶口功率为 27 dBm(500 mW),射频器件的插入损耗见表 5-3-1,射频器件之间使用 1/2 英寸馈线连接,损耗为 12 dB/100 m,全向天线的增益为 2 dBi。计算天线 ANT2-3F 和天线 ANT4-3F 的天线口 WLAN 信号的功率。

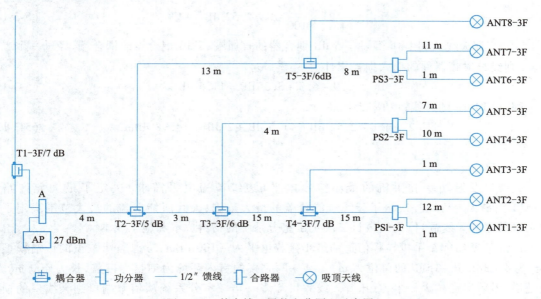

图 5-3-3 某大楼 3 层的室分原理示意图

表 5-3-1 射频器件的插入损耗

射频器件	插入损耗/dB
二功分器	3.3
5 dB 耦合器直通端	1.9
6 dB 耦合器直通端	1.6
6 dB 耦合器耦合端	6.3
7 dB 耦合器	1.4

(1)ANT2-3F 天线口功率的计算。

从 AP 到天线 ANT2-3F 的 1/2 英寸馈线长度为:

$$(4 + 3 + 15 + 15 + 12)\text{m} = 49 \text{ m} \tag{5-3-6}$$

则 AP 机顶口到 ANT2-3F 天线口的馈线损耗为:

$$49 \times \frac{12}{100} \text{ dB} = 5.88 \text{ dB} \tag{5-3-7}$$

从 AP 到天线 ANT2-3F 经过了 5 dB、6 dB、7 dB 耦合器的直通端,经过一个二功分器,则射频器件的插入损耗累计为:

$$(1.9 + 1.6 + 1.4 + 3.3)\text{dB} = 8.2 \text{ dB} \tag{5-3-8}$$

则 ANT2-3F 的天线口功率为:

$$27\ \mathrm{dBm} - 5.88\ \mathrm{dB} - 8.2\ \mathrm{dB} + 2\ \mathrm{dBi} = 14.92\ \mathrm{dBm}$$

(2) ANT4-3F 天线口功率的计算。

从 AP 到天线 ANT4-3F 的 1/2 英寸馈线长度为:

$$(4 + 3 + 4 + 10)\mathrm{m} = 21\ \mathrm{m} \tag{5-3-9}$$

则 AP 机顶口到 ANT4-3F 天线口的馈线损耗为:

$$21 \times \frac{12}{100}\ \mathrm{dB} = 2.52\ \mathrm{dB} \tag{5-3-10}$$

从 AP 到天线 ANT4-3F 经过了 5 dB 耦合器的直通端,6 dB 耦合器的耦合端,经过一个二功分器,则经过射频器件的插入损耗累计为:

$$(1.9 + 6.3 + 3.3)\mathrm{dB} = 11.5\ \mathrm{dB} \tag{5-3-11}$$

则 ANT4-3F 的天线口功率为:

$$27\ \mathrm{dBm} - 2.52\ \mathrm{dB} - 11.5\ \mathrm{dB} + 2\ \mathrm{dBi} = 14.98\ \mathrm{dBm} \tag{5-3-12}$$

三、室内天线数目

天线口发射功率和手机的最小接收电平(边缘覆盖电平需求)决定了最大允许路损(MAPL);最大允许路损决定了天线所能覆盖的最大范围;天线所能覆盖的最大范围决定了室内场景所需的天线数目;天线数目又决定了室分系统的物料成本和施工成本。

假设某 WCDMA 手机导频信道的最小接收电平为 $-100\ \mathrm{dBm}$,考虑隔墙覆盖的传播模型为 $L = 38.4 + 38\lg d + 15$(d 的单位为 m)。某一写字楼的室内环境为细长型覆盖,长为 400 m。也就是说,覆盖半径减少一半,意味着天线数目增多一倍。室分系统从信源端口到天线口的损耗为 15 dB。

当天线口导频信道功率为 5 dBm 的时候,天线口总功率为 15 dBm(5 dBm + 10 dB),则信源端口的总功率需求为 30 dBm(15 dBm + 15 dB)。

此时的最大允许路损为:

$$5\ \mathrm{dBm} - (-100\ \mathrm{dBm}) = 105\ \mathrm{dB} \tag{5-3-13}$$

则有:

$$L = 38.4 + 38\lg d + 15 = 105 \tag{5-3-14}$$

天线的覆盖半径为 23 m,不考虑重叠区域,该写字楼的一层需要 17 个天线覆盖。

在天线口导频信道功率为 5 dBm 的时候,一个楼层的天线数目为 17 个。以此为基准,表 5-3-2 为随着天线口导频信道功率的减少,天线数目增加,信源端口功率需求减少。

表 5-3-2　天线口导频信道功率和天线数目的关系

天线口导频信道功率/dBm	天线口总功率/dBm	信源端口总功率需求/dBm	天线覆盖半径/m	天线数目/个
5	15	30	23	17
2	12	27	19	21
−1	9	24	16	25
−4	6	21	13	30
−7	3	18	11	36
−10	0	15	9	44

续表

天线口导频信道功率/dBm	天线口总功率/dBm	信源端口总功率需求/dBm	天线覆盖半径/m	天线数目/个
−13	−3	12	8	52
−16	−6	9	6	63
−19	−9	6	5	75

从表 5-3-2 可以看出,天线口导频信道功率的减少,带来的是天线数目的增加。天线口导频信道功率降低 12 dB 的时候,天线数目增加一倍,即 3 dB(不同的无线环境,不同的传播模型,对应关系不一样)。

但从另外一个角度可以看出,天线数目增多的好处。

天线数目增多可以降低天线口功率的需求,从而降低对信源端口功率的需求。也就是说,天线数目增加一倍,可以降低 12 dB 的信道功率需求。

另一方面,随着天线数目的增多,原来需要隔墙覆盖的区域,现在天线可以视距覆盖,提高了信号覆盖质量,节约了阴影衰落余量,进一步降低了信源端口功率的需求,如图 5-3-4 所示。

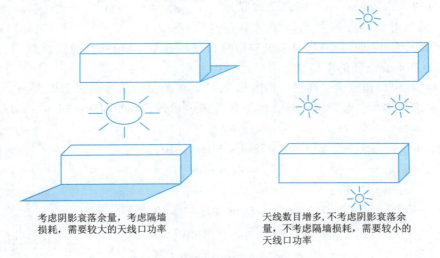

图 5-3-4　天线数目增多带来的好处

在实际工程中,天线数目增多会带来成本的增加,所以必须在成本增加和覆盖质量改善中找到一个平衡点。

四、室内外泄露的控制

建设室分系统,室内外的关系要搞好。一方面要避免室外的信号过多、过强地进入室内,喧宾夺主,吸收室内的话务量,使得室分系统形同虚设;另一方面室分系统的信号也不能过多、过强地跑到室外,对室外造成干扰,或者引起室外用户乒乓切换导致掉话。

在大楼的门厅处、高层窗口处,室外的信号最容易飘入室内吸收室内话务。在室外宏站系统已经建好的情况下,通过在大楼底层和高层等典型楼层进行测试,评估室外信号进入室内的强度。在室外宏站系统没有建好的情况下,规划设计的时候,要初步估算进入室内最强的室外信号。

如果室外信号过强,可通过两个途径来规避:一是协调室外设计人员,通过调整方向角、下倾角或降低发射功率的方式来规避；二是加强室内信号的覆盖强度，也就是加强室内信号的发射功率，使室内窗口或门厅处的室内信号强度大于室外信号强度 5~10 dB。

当然，室内信号也容易跑到室外，如果信号正好落在马路上，会对室外行走用户的通话质量造成影响。控制室内的信号泄露到室外，一般要求在室外 10 m 处应满足室内信号导频信道的强度 RSCP ≤ -95 dBm，或室内信号导频信道强度比室外宏站的信号强度低 5~10 dB。

控制室内信号外泄也有两个途径：一是降低室内天线口的发射功率；二是改变天线的放置位置。

使用多个低功率板状天线靠近窗边向屋里发射信号的方式，要比将一个大功率吸顶天线放在屋内中央，控制外泄信号的效果好。

如果窗口处的边缘场强要求是一样的，靠近窗口处的天线口功率需求比天线放在远离窗口处的位置要小，信号飘到室外后，靠近窗口处的天线发出的信号衰减得更快一些，如图 5-3-5 所示。

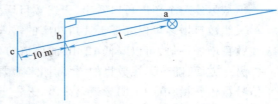

图 5-3-5　室内天线位置对外泄的影响

在室内中央 a 点安装了一个室内全向吸顶天线，天线口的发射功率需求为 P_a；b 点为窗口处，不管天线数目多少、如何布置，要求窗口边缘信号场强是一样，此处假设都是 S_b。c 点为室外 10 m 处，a 点和 b 点之间的距离设为 l，传播损耗为 L。

现在要看，在窗口边缘信号场强一样的情况下，c 点的室内信号泄露是多少，a、b 点的天线口发射功率需求是多少。假设室内环境的视距范围内的传播模型是 $L = 38.4 + 38\lg d$，则有下面的关系：

$$L_{ac} = 38.4 + 38\lg(l+10) \tag{5-3-15}$$

$$L_{ab} = 38.4 + 38\lg l \tag{5-3-16}$$

于是有：

$$L_{bc} = L_{ac} - L_{ab} = 38\lg(1 + 10/l) \tag{5-3-17}$$

$$S_c = S_b - L_{bc} = S_b - 38\lg(1 + 10/l) \tag{5-3-18}$$

$$P_a = S_b + L_{ab} = S_b + 38.4 + 38\lg l \tag{5-3-19}$$

从式 5-3-17 可以看出，天线安装位置越靠近窗口，离窗口的距离 l 越小，窗口处 b 点到室外 10 m 处 c 点的损耗 L_{bc} 就越大；由式 5-3-18 可以看出，在窗口边缘覆盖场强 S_b 保持不变的情况下，室外 c 点的信号场强 S_c 就越小，外泄控制得就越好。

由式 5-3-19 可得，从另外一个角度看，l 越小，从 a 点到 b 点的损耗 L_{ab} 就越小，于是天线口功率需求 P_a 就会越小。

结论：在边缘覆盖场强要求相同的条件下，小功率天线靠近窗边安装，外泄控制效果好，对天线口功率的需求也会降低，但天线数目的需求可能会增多。

五、先平层、后主干

在室分系统设计时，一般按照"先平层、后主干"的次序进行。

"先平层"是指平层的分布系统设计主要采用功分器进行功率分配。对于楼宇的某一层，先根据面积大小和覆盖需求确定天线数量和挂点位置；然后确定选用何种功分器，设计该层室分原理图,如图 5-3-6 所示。

"后主干"是指主要选用耦合器将功率分配至各楼层。耦合器的耦合度的确定要由主干的信号功率和平层所需的信号功率共同确定,如图 5-3-7 所示。

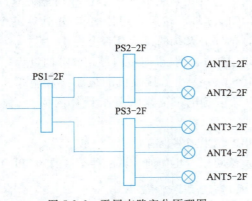

图 5-3-6　平层支路室分原理图

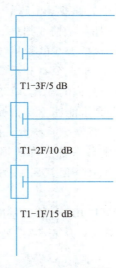

图 5-3-7　主干设计

对于一些建筑结构比较复杂的楼宇,如果主干全采用耦合器,可能会引起天线口功率不平衡;对于平层面积较大的楼宇,如果平层全采用功分器,信号功率可能被浪费。必要时,可以根据需要选用功分器或耦合器的组合进行功率分配。

六、室内覆盖估算

室内覆盖估算的目的是通过室内的链路预算,设计每个天线的覆盖范围,算出室分系统允许的最大损耗,从而确定天线口功率需求和天线数目,保证室内覆盖指标达到设计要求。

无线系统的接收端都有最小接收电平大小和质量的要求,但是在室内场景中,目标覆盖区域的信号覆盖水平不仅要考虑最小接收电平的大小和质量,还要考虑避免室内外乒乓切换的要求和室分系统话务吸收的要求,所以要求室内场景的边缘覆盖电平要大于最小接收电平。

一般情况下,室内覆盖指标要求用边缘覆盖电平的大小和质量来表示。

举例来说,GSM 室分系统要求广播信道 BCCH 边缘覆盖电平:RSCP > -85 dBm、C/I > 12 dB;WCDMA 室分系统要求导频信道 CPICH 边缘覆盖电平:RSCP > -90 dBm、Ec/Io > -12 dB;TD-SCDMA 室分系统要求导频信道 PCCPCH 边缘覆盖电平:RSCP ≥ -85 dBm、C/I ≥ -3 dB。

在室内场景中,要求室内小区作为主导小区,也就是室内无线信号的强度和质量要比室外无线信号的强度和质量高 5~10 dB。

当然在室外时,室外小区要作为主导小区,这就要求控制室内信号的外泄。一般有两种衡量外泄控制的指标:一个是绝对数值,另一个是相对数值。

绝对数值的指标要求:在室外 10 m 处应满足导频信道功率 RSCP ≤ -90 dBm;相对数值的指标要求:室内小区外泄信号的导频信道功率比室外宏站最强信号小区的 RSCP 低 10 dB。

链路预算的主要目的是计算出最大允许的路损(MAPL),然后利用传播模型的损耗和距离的关系,计算出一个天线的覆盖半径,进而确定该天线的覆盖范围。

但室内链路预算的主要目的则略有不同,计算出的最大允许的路损(MAPL)包括室分系统允许的损耗和无线环境的路损两部分。

一方面,设定了天线的覆盖半径,利用传播模型可以求出无线环境的路损,最大允许的路损减去无线环境的路损,就是室分系统允许的最大路损(Max Allowed Path LossforI DS,MAPL_IDS),这个损耗包括馈线损耗、天线的分配损耗和射频器件的介质损耗。于是就可以进行室分系统的设计,包括天线的数目、馈线长度和射频器件的使用等。

另一方面,给定了室分系统,从信源到天线口的损耗就确定了。这样从最大允许的路损中减去室分系统允许的损耗,就是室内无线环境的损耗。然后利用传播模型,计算一个天线的覆盖半径,衡量是否能够覆盖目标范围,从而评估室分系统的设计是否合理。

现在以计算室分系统允许的损耗(MAPL_IDS)为例,说明室内链路预算的过程。

有两种室分系统允许的损耗(MAPL_IDS):一个是从接收机的最小接收电平来分析计算的损耗,称为MAPL_IDS_1;另一个是从边缘覆盖电平需求来分析计算的损耗,称为MAPL_IDS_2。

两种MAPL_IDS计算的基准点不同,得出的结果当然也有差别。一般来说,采用MAPL_IDS_2来设计室分系统。从表5-3-3所示的链路预算表可以看出如何计算两种类型的MAPL_IDS。

表5-3-3 室分系统链路预算过程举例

计算项	链路预算内容	单位	取值	描述
NodeB 侧	最大 PCCPCH 发射功率	dBm	30	TD-SCDMA 的导频信道功率
	码道数	Codes	2	一个 PCCPCH 占用两个 TD-SCDMA 的码道
	最大单码道发射功率	dBm	27	按照单码道功率计算
	发射天线增益	dBi	2	室内天线增益较室外的小
UE 侧	热噪声谱密度	dBm/Hz	−174	单位带宽热噪声大小
	带宽范围内的热噪声总量	dBm	−112	TD-SCDMA 系统 1.6MHz 带宽范围内的总噪声量: −174 + 10lg 1600000
	噪声系数	dB	7	手机的噪声系数比基站的略大
	底噪	dBm	−105	手机底噪: −112 + 7
	C/I 需求	dB	−1	和信道相关的解调门限,不同厂家、不同无线环境时取值不一样,通过链路仿真确定
	接收机最低电平	dBm	−106	底噪 + 解调门限需求: −105 + (−1)
	天线增益	dBi	0	接收端手机增益
	干扰余量	dB	1	这个余量要考虑3个方面:室外宏小区对室内小区的干扰;室内射频器件、有源设备带来的干扰,室内不同小区之间的干扰。需要根据具体的室内环境来计算
	阴影衰落余量	dB	3	由于室内无线环境的变化比室外环境少一些,因此室内的阴影衰落余量取值比室外小一些
	边缘覆盖电平需求	dB	−85	在室内环境中,要求室内信号比室外电平强度大一些,边缘覆盖电平需求的确定是为了避免室内外乒乓切换

续表

计算项	链路预算内容	单位	取值	描述
最大允许路损（MAPL）	MAPL_1	dB	131	从接收机的最低电平要求出发计算最大允许路损：27+2-(-106)+0-1-3
	MAPL_2	dB	114	从室内的边缘覆盖电平需求来计算最大允许路损：27+2-(-85)
空间传播损耗	覆盖半径	M	15	设定天线的覆盖半径
	距离损耗系数	—	20	在传播模型中，和距离相关的损耗系数
	L_0	dB	38.4	距离天线口 1 m 处的损耗
	传播损耗	dB	62	用 $L=38.4+20\lg d$ 传播模型公式
	室内穿透损耗	dB	10	考虑室内穿透一层墙壁的损耗
MAPL_IDS	MAPL_IDS_1	dB	59	从接收机的最低电平要求出发计算室内分布系统允许的损耗：131-62-10
	MAPL_IDS_2	dB	42	从室内的边缘覆盖电平需求来计算室内分布系统允许的损耗：114-62-10

在室外 TD-SCDMA 系统中，由于智能天线的作用，下行信号强度明显大于上行信号强度，一般是上行受限；但在 TD-SCDMA 制式的室分系统中，不存在智能天线的作用，下行没有明显优势，上下行的路损、接收机解调能力都差不多，上下行链路基本平衡，可以用下行链路来计算 MAPL_IDS。

在 WCDMA 系统中，不同业务的覆盖范围有很大的差别，导频信号覆盖没问题，但 PS384 业务覆盖却存在问题。因此，要将信令面、业务面结合起来计算来确定 MAPL_IDS。

不同的无线制式，受限的链路是不一样的。因此，室分系统的链路预算要分别计算上下行的允许路损、信令面、业务面的允许路损，找出最大允许路损的最小值，作为受限链路或瓶颈链路。一般以受限链路计算出的 MAL_IDS 作为室分系统设计的依据。

现在用 MAPL_IDS_2 来设计室分系统。也就是说，室内分布系统允许的损耗是 42 dB，考虑馈线损耗 15 dB，射频器件的介质损耗 3 dB，那么允许的多天线分配损耗为 24 dB（42 dB - 15 dB - 3 dB），设天线数目为 x，则有下式：

$$10\lg x = 24$$
$$x = 251$$

也就是说，该室分系统的一个信源端口可布置 251 个天线。

已知每个天线的覆盖半径，可以知道每个天线的覆盖面积。考虑一定的天线覆盖重叠区域，目标楼宇的总覆盖面积和每个天线覆盖面积之比，就是总的天线需求数目。总的天线需求数目和每个信源端口可布置的天线数目之比就是该楼宇需要的信源数目。

在 LTE 系统中室分链路预算过程如下：

通过链路预算可以得出天线布防间距为 10~15 m，满足覆盖要求。

自由空间损耗描述了电磁波在空气中传播时候的能量损耗，电磁波在穿透任何介质的时候都会有损耗。

根据电磁波自由空间传播损耗公式：

空间损耗 $L_s = 20\lg f + 20\lg D + 32.4$；

以上公式中 D 为传播距离,单位为 km；f 为电磁波频率,单位为 MHz。

f 取值：2 320 – 2 370 MHz（取 2 330 MHz）

代入上式可得：

$$L_s(\text{dB}) = 99.74 + 20\lg D$$

2 330 MHz 信号的可视空间传播损耗见表 5-3-4。

表 5-3-4　2 330 MHz 信号的可视空间传播损耗

距离/m	10	15	20	30
传播损耗/dB	59	63	65	69

总的路径损耗为：

$$L = L_s + M$$

其中，L_s 为空间损耗；M 为衰落余量（见表 5-3-5）。

表 5-3-5　不同介质的衰落余量

介质	混凝土墙体	砖墙	玻璃	钢筋混凝土	混凝土地板	电梯
衰落余量/dB	13~20	8~15	6~12	20~40	8–12	35~40

我们以天线口低发射电平为例，估算距天线最远处的室内覆盖区域信号接收电平。公式为：

$$P_r = P_t + G_a - P_L - M$$

其中，P_r 为接收点信号电平，P_t 为天线口信号电平，G_a 为天线的增益，P_L 为路径损耗，M 为隔墙损耗及衰落余量。

以办公楼覆盖范围最大，阻挡最多，最弱天线输出 – 14 dBm 电平为例，则室内最远处距该天线为 10 m，天线的增益为 3.0，该点场强约为：

$$-14\ \text{dBm} + 3.0\ \text{dB} - 59\ \text{dB} - 30\ \text{dB} = -100\ \text{dBm}$$

将系统其他天线口电平与此值相比较，如系统其他天线口电平均大于此值，故本系统可以满足覆盖要求，符合设计要求。

任务小结

本任务主要学习了室内链路预算，介绍如何通过链路预算所获得的相关参数来估计小区的覆盖的范围，并将 2G、3G、4G 小区进行对比。

任务四　室内容量设计

任务描述

本任务主要介绍室内容量设计。

项目五　室分系统规划设计

任务目标

- 识记：室内容量设计。
- 熟悉：小区合并与分裂。
- 掌握：通过话务模型实现室分系统容量规划。

任务实施

一、室内话务模型特点

在无线通信系统中，一个电话来了，就好比一个"要就餐的客户"，他要找座位，无线通信系统中的"座位"就是信道资源。客户多了，座位少了，就会有很多客户无法直接接受服务，需要等待；反之，客户少了，座位多了，就会有很多资源被浪费。无线通信系统里也是如此。

信道数量要规划合理，既不能浪费资源，也不能让太多电话无法接入。信道数量的估算按照忙时的话务量大小来估算，这样能够保证忙时的信道资源供给量。如果不允许出现等待的现象，由于客流大小有随机性，就需要准备无穷多的信道资源。所以在系统信道资源数目设计时，要允许有少量比例的用户由于系统忙而无法接入，这样可以节约信道资源的准备数量。这个比例称为阻塞概率，一般取2%。

用户在接受无线通信服务的时候，不可能始终使用同一种业务，可能在打语音电话，也可能在打视频电话，还可能在使用数据下载业务。在4G时代，这种情况相当多。不同的业务占用的资源数量不同，接受服务的时间也不同。多业务资源数量估算的时候，需要使用专门的算法，这一点室内、室外没有区别，读者可以参考相关的参考文献，这里不再赘述。

本任务主要分析室内话务模型的特点、室内容量规划的一般思路、小区划分方法、载波配置经验和扩容方法等。

话务模型的描述包括两个方面：一方面是用户行为的数学描述；另一方面是业务特征的数学描述。

用户行为的数学描述包括一个区域有多少人，使用各种无线通信业务的比例是多少，单位时间使用多少次，每次多长时间等内容。

业务特征的数学描述主要是指无线系统能够提供哪些业务，这些业务具有怎样的容量特性，如占用多少信道资源，上下行带宽需求是否对称，期望怎样的服务质量等。

话务模型的数学描述方法，在室内外场景中差别不大，有兴趣的读者可以查阅相关的参考文献。

这里主要介绍室内话务模型的特点。室内话务模型的主要特点有：室内用户移动速度慢、室内用户数据业务使用较多、不同室内场景的话务特点不一样。

室内用户一般都处于步行或者静止状态，一般不会出现车速移动的情况。这就决定了在容量估算的时候，室内的信道类型一般取Static（静态信道）或者PA3（步行3 km/h）；与此相应，低速条件下的信道类型所需的解调门限较低。

不同室内场景的话务特点不一样，同一楼宇的不同功能区域的话务特点也有差异。一般来说,大型场馆的峰值话务量最大,写字楼或商务楼的话务量大于酒店、宾馆,酒店、宾馆的话务量又大于高层住宅或生活小区,一个酒店的商务中心、大厅的话务量可能高于高层房间。

接下来介绍室内常用的话务模型,当然不同场景有很大的差别,这里的话务模型仅供参考。

表 5-4-1 和表 5-4-2 分别是室内环境下 CS 业务和 PS 业务的单用户参考话务模型。

表 5-4-1 室内 CS 业务单用户参考话务模型

CS 业务	用户渗透率	单用户忙时话务量/Erl
基本语音(AMR12.2k)	100%	0.02
可视电话(CS64k)	50%	0.001

表 5-4-2 室内 PS 业务单用户参考话务模型

PS 业务	用户渗透率	单用户忙时		吞吐量/kbit	
		上行(UL)		下行(DL)	
PS64k	100%	130		540	
PS128k	50%	70		270	
PS384k	10%	20		90	

在表 5-4-1 和表 5-4-2 中,CS 域给出的是以 Erl 为单位的忙时话务量,PS 域给出的是以 kbit 为单位的忙时话务量。为了便于使用 Erlang 法,统一用 Erl 作为单位。PS 域从 kbit 转换到 Erlang 的公式如下:

$$单用户话务量(Erl) = \frac{单用户忙时吞吐量(kbit)}{业务速率 \times 激活因子 \times 3\,600} \tag{5-4-1}$$

假若数据业务的激活因子都是 0.3,由于 PS 话务模型上下行吞吐量不对称,下行的吞吐量更大一些,所以以下行吞吐量的计算为例;为了求单用户的平均话务量,使用考虑渗透率的单用户忙时平均吞吐量,即单用户忙时吞吐量×渗透率。

在以上条件下,以 Erl 为单位的单用户话务量可以转换为如表 5-4-3 所示的内容。

表 5-4-3 下行单用户平均话务量示例

业务类型	单用户平均话务量/Erl
AMR12.2k	0.02
CS64k	0.000 5
PS64k	0.007 8
PS128k	0.000 98
PS384k	0.000 02

单用户话务模型知道以后,还需要考虑不同场景的目标楼宇的总用户数,见表 5-4-4。这样就可以求出总的话务量需求了。

表 5-4-4 某大型场馆不同区域的用户数

区域	用户群数目	用户群体
主席区	5 000	包括组委会、运动员和官员等
媒体区	1 000	主办、特权转播商和各类媒体

续表

区域	用户群数目	用户群体
中央场地	10 000	包括正式职员、志愿者、保安和演职人员等
坐席区1	50 000	国内游客
坐席区2	10 000	海外游客

二、室内容量估算

给定话务模型,求出所需的信道资源数,进而求出所需的载波数目,就是容量估算,包括两种方法。

1. Erlang 法

根据给定的话务量需求,通过查询 Erlang-B 表得出一定阻塞概率条件下所需的信道资源数目。这个方法的基本思想来源于排队论。Erlang 法在多业务的条件下,根据查询 Erlang-B 表的位置不同,又可分为等效 Erlang 法、Post-Erlang 法和 Compbell 法。

2. 随机背包算法

根据不同业务的话务量大小规律,随机地产生话务,每次产生的话务系统按照最优原则占用一定的信道资源,通过多次计算,求出总的信道资源需求。背包算法由于计算量大,必须通过计算机仿真实现。

假设载波之间资源不能共享,即一个用户的所有业务只能在一个载波上,不能分散在多个载波上,则求取载波配置数目的思路还可以简化一些。

一般每个载波能够提供的信道资源数已知,那么通过查 Erlang-B 表,它能支持多大 Erl 的话务量也就可以求出;算出一个用户的多业务等效话务量之后,这个载波能够支持多少这样的用户就可以了;一个场景的总用户已知,于是所需的载波配置数目也可以求出了。整个计算思路如图 5-4-1 所示。

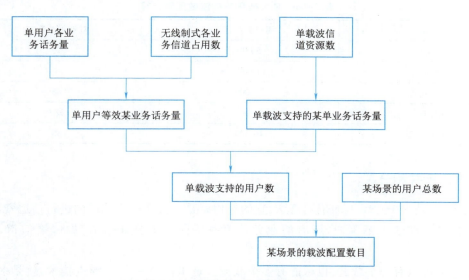

图 5-4-1 载波配置数目的计算思路

下面按照上述话务模型,用最简单的 Erlang 法列举一个载波配置计算的例子。

实战篇 室分系统的管理与规划

【例 5-4-1】室分系统载波配置计算举例。

假若有一种无线制式,其各业务占用的信道资源数目见表 5-4-5。

使用等效 Erlang 法,把各种业务的话务量以它占用信道资源数目的多少为权重,等效为 AMR12.2k 的话务量。

表 5-4-5 各业务占用的信道资源数目

业务类型	占用的信道资源数目
AMR12.2k	1
CS64k	4
PS64k	4
PS128k	8
PS384k	24

$$0.02 \times 1 + 0.0005 \times 4 + 0.0078 \times 4 + 0.00098 \times 8 + 0.00002 \times 24 = 0.062 \text{Erl}$$

这种无线制式,一个载波的无线信道资源有 24 个,在阻塞概率为 2% 的情况下,查 Erlang-B 表可知支持的话务量为 16.63Erl。

于是这种无线制式一个载波可以服务的用户数为:

$$\frac{16.63}{0.062} = 268$$

那么,某场景需要配置的载波数为:

$$载波配置数 = \frac{总用户数}{单载波服务的用户数} \tag{5-4-2}$$

以表 5-4-4 中的大型场馆为例,已知各区域的用户数,可以得出每个区域的载波配置数目,见表 5-4-6。

表 5-4-6 某大型场馆载波数配置计算

区域	用户群数目	载波配置数目
主席区	5 000	19
媒体区	1 000	4
中央场地	10 000	38
座席区 1	50 000	187
座席区 2	10 000	38

三、小区合并和分裂

所谓小区,是一个逻辑上的范围概念,它的作用就是方便在一定范围内进行信道资源管理、信道参数配置。在这个范围内,所有的业务信道共用同一个公共信道,如广播信道、导频信道等。

一个小区可以有一个载波,也可能有多个载波。这里涉及一个 N 频点技术,就是多个载波共用一个公共物理信道,组成一个小区的技术。载波数目确定后,小区的信道资源数目就确定了。

在室内环境中,一个小区可能对应着多个 RRU 覆盖的范围,也可能对应一个 RRU 的部分通道(TD-SCDMA 制式中的"通道"概念)覆盖的范围。也就是说,一个小区对应的物理覆盖范围可以根据情况进行调整。

具体多少个 RRU 可以组成一个小区,一个 RRU 如何分出多个小区,不同无线制式、不同厂家的设备会有所差别,在规划时要具体问题具体分析。

在细长的覆盖场景,如隧道、高速公路和高层楼宇,经常需要把多个 RRU 级联起来,根据话务需求,组成一个或多个小区,如图 5-4-2 所示。但是,级联 RRU 数目不是越多越好,一方面有不同厂家产品规格的限制,另一方面级联过多会导致故障概率增加,维护量增大。一个小区内的 RRU 数目(也可以是 PicoRRU)也不是越多越好,小区内的 RRU 数目过多有可能导致底噪抬升,容量资源不足。

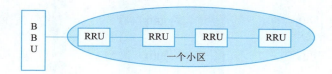

图 5-4-2 多个 RRU 组成一个小区

在话务热点区域,TD-SCDMA 使用多通道 RRU 作为室内覆盖信源,根据话务分布的特点不同,可以将不同通道合成一个小区,如图 5-4-3 所示。

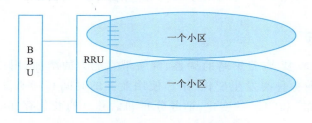

图 5-4-3 TD-SCDMA 中 RRU 的不同通道组成一个小区

可以把多个小区的覆盖范围合并起来组成一个更大的小区,也可以将一个小区分裂成很多更小覆盖范围的小区,这个过程称为小区的合并或分裂。

多个小区合并成一个小区,优点是增大了小区的覆盖范围,减少了小区的切换次数;缺点是减少了信道资源数目,降低了容量供给。一般在容量需求较少,主要解决覆盖问题的线性场景中使用,如隧道、地铁、高速公路或铁路。在这些场景中,由于终端移动速度较快,使用小区合并,还可以减少切换次数,提高切换成功率。

在话务量增加到一定程度,超出了已有小区容量极限的情况下,在不考虑增加新的硬件设备的时候,可以考虑把已有小区分裂成若干个小区。小区数目增加后,信道资源数增加,容量增加,但小区之间的切换次数增多,并且小区之间的干扰增加。

在原有话务分布发生变化的时候,小区的势力范围划分也应该随着改变,这就是所谓的随波逐流的室内覆盖策略。

举例来说,在如图 5-4-4 所示的高楼中,室分系统信源由 5 个 RRU 组成。

在初期,由于用户数较少,话务量较低,可以把整个大楼作为一个小区,如图 5-4-4(a)所示。随着用户数的增加,一个小区的划分无法满足话务量的增长,经过计算,原有载波资源足够,可以在不增加硬件设备的情况下,把原有小区分成两个小区来满足话务增长,如图 5-4-4(b) 所示。

接下来整体话务量没有多大变化,但是该楼高层的一个公司搬走,二层搬来了一个电影院。也就是说,整个大楼的话务分布发生了变化,于是小区划分也需要跟着改变,如图 5-4-4(c) 所示。

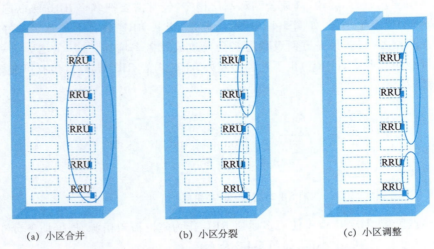

(a) 小区合并　　　　(b) 小区分裂　　　　(c) 小区调整

图 5-4-4　话务增加和话务迁移引起的小区范围变化

四、负荷分担及扩容

随着业务种类的增多、资费策略的调整、网络带宽能力的增加,用户行为逐渐发生较大的变化:用户使用的业务种类发生变化、用户使用业务的时间和场所发生变化。也就是说,话务的变化包括"分布"和"量"的变化,话务分布和话务量的变化存在于室分系统建设的整个生命周期。

话务的变化对网络的直观影响就是网络资源利用率的变化,如图 5-4-5 所示。在这里,资源利用率可以是基带资源利用率、传输资源利用率等。话务分布的变化,也叫话务迁移,必然导致网络中各小区利用率的忙闲不均;话务量的增加,必然导致网络整体利用率的增加。小区内各种资源利用率指标的大小决定是否需要进行资源调整或者扩容。

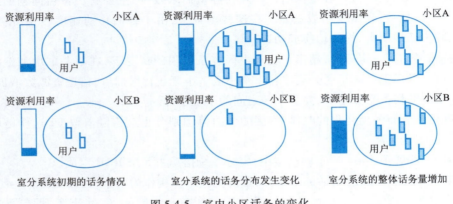

室分系统初期的话务情况　　室分系统的话务分布发生变化　　室分系统的整体话务量增加

图 5-4-5　室内小区话务的变化

和资源利用率关系较大的指标是阻塞概率,资源利用率越高,阻塞概率越大。阻塞概率大,用户接入系统的困难就大。对网络中各个小区每种资源的利用率进行监控,一般来说,如果资源利用率达到 50%,就需要考虑进行资源调整或扩容了;而资源利用率达到 75%,就一定要进行资源调整或扩容了,因为,此后随着资源利用率的增加,阻塞概率增加过快,用户体验下降明显。

有的地方超忙,小区较多,用户接入困难,业务质量下降,影响客户感知;而有的地方超闲,小区较少,资源空闲,造成投资浪费。话务的不均衡需要通过资源调整或负荷分担策略来完成。

资源调整策略一般是在同一无线制式内对硬件资源进行调整,办法是"拆闲补忙",即把超闲小区的硬件资源搬到超忙小区。这种策略虽然可以缓解话务不均衡带来的网络问题,无须额外的硬件投资,但不是最好的策略。"拆闲补忙"可能导致网络的适应性差,引入新的网络性能问题,增加额外的维护工作量。

共享基带资源池是同一无线制式内的负荷分担方法,在"忙闲互补"的区域可以使用这个方法,如学校的宿舍楼和教学楼,白天教学楼的话务量高一些;而到了晚上 10 点左右,宿舍楼的话务量高一些,正好是"忙闲互补"的特点。

跨系统的负荷分担策略是通过资费调整策略或者选网策略达到降低繁忙系统的负荷,提高空闲系统的利用率的目的。最终的业务分担策略是 2G、3G 主要负责语音业务和低速数据业务;4G 主要负责小流量高价值的数据业务,而 WLAN 则主要负责大流量低价值的数据业务。

还有一种负荷分担策略就是室内外小区的负荷分担。在没有室分的场景,室内的话务完全由室外宏站负责。当室内话务增加到一定程度的时候,系统资源利用率上升。也就是说,所谓的话务热点出现的时候,就需要有专门的室分系统来吸收热点区域的话务。在密集城区的部分街道角落里,室外信号覆盖不足,有时可以巧妙地利用室内信号外泄来覆盖。

话务量发生了普遍性的增加,资源利用率普遍较高时,需要用扩容的方法来解决问题。扩容包括整网计划性扩容和局部热点扩容。根据对话务量增长和话务分布变化的预测,提前半年或一年给出网络未来扩容的计划,就是整网计划性扩容。

局部热点扩容是对部分场景出现的用户激增、话务冲击、话务浪涌采取的措施,如小区分裂、增加载波和增加信源。例如,有大型赛事的时候,在场馆附近增加应急通信车,就是增加载波、信源的扩容方法。

任务小结

本任务学习了室内容量设计,通过确认室分系统话务模型,来实现容量估算,并且涉及容量相关的小区合并、分裂、扩容。

任务五 邻区、频率、扰码规划

任务描述

本任务主要介绍在进行室内分布系统设计过程中的邻区、频率、扰码的规划原则和方法。

任务目标

- 掌握:邻区规划。
- 掌握:频率规划。
- 掌握:扰码规划。

任务实施

一、邻区规划

俗话说:"在家靠父母,出门靠朋友。但是如果出门后,你没有什么朋友,做点事情就很不容易。一个用户在小区内建立通话,如果要移动到其他小区,如果没有配置邻区,就会发生掉话,就像出远门的年轻人在外面没有朋友事情办不成一样。

用户在不同小区间移动,必然涉及小区之间的配合问题,邻区规划是无线系统移动性设计的前提。

有些无线制式支持同频组网。也就是说,频率复用系数为1,如 WCDMA 系统,无须进行频率规划,或者说频率规划较为简单。而在 GSM 系统和 TD-SCDMA 系统中,为了控制同频干扰,同频之间必须大于一定的复用距离。也就是说,频率规划非常重要。

在 WCDMA 系统中,扰码长度足够,互相关性较少,无须专门进行扰码规划;在 TD-SCDMA 系统中,扰码长度短,很多扰码之间互相关性较大,规划不好存在较大的码字干扰,影响系统性能,因此,扰码规划较为重要。

室分系统中有两种邻区:一种是室分系统小区和室外宏站小区的邻区关系;另一种是室分系统内部小区之间的邻区关系。

1. 室内外邻区配置

室内外邻区配置一般有以下几种情况。

(1)楼宇出入口。在楼宇出入口、地下停车场出入口需要规划室内小区与室外小区的双向邻区关系。

(2)中高层窗口处。在室内场景中,室内小区应该是主导小区,在室内环境中室外宏站信号应该比室内信号小很多,这样,在室内的用户应该优先驻留或选择室内小区。在这种情况下,中高层室内与室外不需要规划邻区关系。

但是很多时候,室外宏站信号飘入室内高层,在室内形成"孤岛效应"。在这种情况下,室内用户一旦驻留在室外孤岛区域,略有移动,就有可能进入室内小区的覆盖范围,如果不配邻区,就会导致掉话。

解决这个问题的方法是单向邻区策略。也就是说,给形成"孤岛效应"的室外小区增加室内小区的单向邻区。这样,在室内小区发起的通话,始终保持在室内小区;而在室外小区发起的通话,可以在室外信号较弱时,切换到室内小区。单向邻区的配置还可以避免室内高层的乒乓切换问题。在勘测设计阶段,通过楼宇高层的无线信号步测,来获取室外小区在室内形成"孤岛效应"现象。

注意,配置室外小区到室内小区的单向邻区要格外小心。在信号外泄比较严重的情况下配置单向邻区,可能导致频繁切换失败。单向邻区的配置尽量限制在室外小区和室内高层小区之间,并且不要普遍使用。

2. 室内小区自身的邻区配置

室内小区自身的邻区配置一般有以下几种情况。

(1)室内只有一个小区。如果整个楼宇只有一个小区,不需要考虑室内小区之间的邻区规划。

(2)楼宇内划分多个小区,每个小区有多层。对大型楼宇室内的不同小区,尽量利用自然隔层来划分不同小区。不同楼层的相邻小区要配置邻区关系。

(3)同一楼层分若干小区。有些大型楼宇,话务量大,同一楼层会划分成多个小区,这些小区之间需要规划紧密的邻区关系。

(4)电梯邻区设置。一般情况下,电梯内只用一个小区来覆盖,但在比较高的楼宇中,电梯被划分为多个小区,相邻小区之间要配置双向邻区。电梯内小区与每层电梯厅小区为同一小区,可以不规划邻区。但很多时候,电梯内小区与每层覆盖小区不一样,必须要配置双向邻区关系。

二、频率规划

蜂窝移动通信系统里的一个重要的概念就是频率复用,频率资源是有限的,但是为用户通信服务的覆盖面积及容量需求是无限的。

互不干扰的两个小区可以使用相同的频率。什么样的同频小区能够互不干扰呢?有以下几种情况:

(1)支持同频组网的无线制式。WCDMA是宽带无线制式,可以把有用信号深埋在干扰之中,同时又可以把有用信号从干扰中取出来。这些干扰可以是本小区其他用户的干扰,也可以是其他邻接小区的干扰。邻接小区和本小区使用相同频率造成的干扰,WCDMA制式完全可以克服。

(2)相隔一定距离的小区。无线电波的路损随着路径的增加而增大,当两个小区足够远的时候,使用相同频率的小区之间的相互影响可以忽略不计。这个足够远的距离称为同频复用距离。

(3)隔离度足够大的小区。当两个小区之间的地物阻挡损耗足够大,或者穿墙损耗足够大,两个小区之间没有重叠区域或者有很少的重叠区域时,这两个小区可以设为同频。

频率规划就是在不能使用相同频率的小区中,根据覆盖范围和话务分布分配相应的频率资源,避免同频干扰,提高网络性能的频率配置过程。

室内频率规划的要点在于:主载频确保异频;室内小区需要设置单独的频点,区别于室外;室内服务数据业务的HSDPA载频要考虑设置单独的频率,区别于语音业务。

室内室外频点分开的好处在于室外繁杂的无线信号对室内覆盖质量不造成影响,尤其在住宅小区的高层,飘荡着很多远道而来的信号,若室内外频点不分开,室内很容易被室外干扰。

在室内,数据业务的覆盖非常重要,在TD-SCDMA制式中,需要单独配置HSDPA载波,为了保证数据业务的边缘覆盖速率,需要考虑单独设置频率。

以TD-SCDMA初期频率规划为例,1 880~1 920 MHz频段还没有启用,只有2 010~2 025 MHz的9个频点,用F1~F9表示。这时,频率规划方案有很多种,但由于频点较少,每个方案都有利有弊。下面举几个例子,假设一个小区有3个载波,其中一个主载波,两个辅载波;HSDPA规划一个载波。

(1)方案一。

主载波:室内小区规划3个频点,室外小区规划5个频点;HSDPA载波:规划1个频点,如图5-5-1所示。

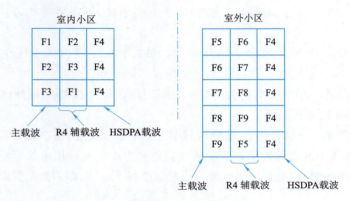

图 5-5-1　TD-SCDMA 频点规划方案一

这种方案的优点是室内外的主载波实现了异频,主载波同频干扰较小,HSDPA载波对R4载波影响较小。缺点是HSDPA载波室内外同频,可能造成HSDPA载波的室内外干扰。

(2)方案二。

主载波:室内小区规划3个频点,室外小区规划6个频点;HSDPA载波:室内外分开,室内复用主载波的频点,如图5-5-2所示。

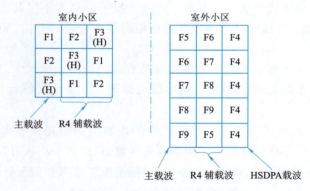

图 5-5-2　TD-SCDMA 频点规划方案二

这种方案的优点是室内外的主载波实现了异频,主载波、HSDPA载波的室内外同频干扰都较小。缺点是室内HSDPA载波可能对其他载波造成干扰。

在TD-LTE中我们以中国移动为例说明频率的使用原则,如图5-5-3所示。

图 5-5-3　TD-LTE 中的频率使用

A 频段：2 010～2 025 MHz，共计 15 MHz，供 TD-SCDMA 使用。
F 频段：1 880～1 920 MHz，共计 40 MHz，1 880～1 900 MHz 供 TD-LTE 室外使用；
E 频段：2 320～2 370 的 50 MHz，供 TD-LTE 室分使用。
D 频段：2 570～2 620 MHz，共计 50 MHz，供 TD-LTE 室外使用。

三、扰码规划

扰码的作用是在下行方向的终端区分小区；在上行的方向上，基站用来区分来自不同小区的用户。有些扰码之间相关性比较大，再加上路损，在接收端看来，两个扰码可能非常相近，甚至一样，就像大家见到穿着同样衣服的双胞胎姐妹一样，起不到"区别"的作用。

所以，扰码规划的原则就是在相邻小区之间分配彼此相关性很低的扰码。

理解这个原则，需要从以下 3 个方面出发。

首先，这里的相邻小区不仅要考虑切换邻区关系，还要充分考虑物理上的邻区关系。这一点，在楼宇高层覆盖的扰码规划是非常重要的。在楼宇高层，经常会有很多杂乱的信号，配置邻区关系只是较强的一两个小区。如果其他扰码相关性较大的小区信号过来，很可能造成码字干扰。

其次，扰码规划不只是考虑扰码的相关性问题，多数时候还要结合扩频码的相关性来综合考虑。扰码和扩频码的结合称为复合码。因此，往往用复合码的相关性来规划扰码。

再次，进行扰码规划的时候，仿真计算和实测分析同样重要。仿真计算可以初步确定扰码分配方案。但是仿真不能代替实测，尤其是在无线环境比较复杂的场景中，要通过得到的实测数据分析小区重叠关系。在一些室内场景中，只要几个小区覆盖信号，电平值相差在 6 dB 以内，就需要考虑扰码之间的相关性问题了。

任务小结

通过本次任务，我们学习室分系统的相关规划：邻区、频率、扰码规划。

任务六 讨论切换设计

任务描述

本次任务将重点讨论室内分布系统设计规划中各种常见场景下的小区切换设计。

任务目标

- 掌握：大楼出入口的切换设计。
- 掌握：窗边的切换设计。
- 掌握：电梯的切换设计。

一、大楼出入口的切换设计

一个用户从一个小区移动到另一个小区,如同一个年轻人从一个工作岗位换到另外一个工作岗位一样,需要考虑很多因素。换工作的时候,要考察目标工作岗位的薪酬待遇、职场前景比现在的岗位强在哪里。也就是说,必须瞅准了再跳。用户从一个小区切换到另外一个小区的时候,也要评估目标小区的覆盖电平、信号质量,不能盲目切换。过于频繁地换工作岗位,会影响自己的收入或职场前景,有很多弊端;同样,切换太频繁了也不大好,会耗费系统资源。

室内覆盖切换设计的原则是尽量少地切换。切换过多会增加系统的处理开销,同时也会降低用户的通话质量。

进行切换设计的前提是明确主导小区、控制好干扰、做好邻区规划。

切换设计的手段就是调整天线参数(如室外天线的方向角、下倾角,室内天线的位置等),调整功率参数(通过增大或减少功率来控制小区覆盖范围),调整切换参数(通过设置各种切换门限、迟滞、时延等参数来优化切换性能)。

在室内场景中,主要有以下区域发生切换:大楼的出入口、高楼的窗边和电梯口等。下面分别介绍这些区域的切换设计要点。

在大楼的出入口,用户在室内外频繁移动,需要设计室外小区和室内小区的切换关系。切换关系包括切换带的位置、切换带的大小、切换参数如何设置等。

根据切换最少的原则可知,把切换带设置在繁忙的道路上,如图 5-6-1 所示的 A 区域,是不合适的,过往车辆上用户频繁地发生切换,可能导致切换掉话,影响网络性能。

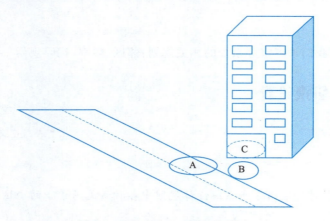

图 5-6-1　室内出入口的切换设计

但是把室内外切换的区域放在室内,如图 5-6-1 所示的 C 区域,也不合适。室外信号在开关门效应的影响下,大小变化剧烈。在关门一瞬间,室外信号迅速减弱,此时可能还没有来得及切换到室内小区,就发生了掉话。

一般把切换带设置在门厅外 5 m 左右的地方,切换带的直径大约为 3~5 m,如图 5-6-1 所示的 B 区域,既不能在马路上,也不能紧挨门口。为了让用户在进入室内前完成切换,一般需要在出入口安置一个天线。

二、窗边的切换设计

在窗边的切换设计有两种情况：一是设置单向邻区的切换设计；二是设置双向邻区的切换设计。

在室分系统深度覆盖做得比较好的情况下，室外信号在室内不会形成大范围的主导小区。在高层，室外信号比较杂乱，但进入室内以后强度都比较小。在这种情况下，一般设置从室外到室内的单向邻区。也就是说，偶尔有用户驻留在室外小区发起通话，只允许用户从室外小区切换到室内小区，而不允许用户从室内小区切换到室外小区。这样做的一个好处是避免室内外小区发生乒乓切换，导致掉话。

还有一种情况，有些室内场景安装天线的位置有限，需要深度覆盖的地方无法安装天线，这样就需要用室外宏站的信号补充室内的覆盖。这样在室内的窗口区域，室内外的信号都比较强，甚至室外的信号更强一些，这时需要设置双向邻区。切换带要设置在室内两个房间的门口处，而不要设置在窗口处。

三、电梯的切换设计

从底层大厅进来的人，大多会使用电梯到达各楼层，从切换次数尽量少的原则出发，电梯和大厅之间尽量不要发生切换，这就要求电梯和底层大厅是同一个小区；一般要求电梯在运行过程中尽量不要有切换，即整个电梯尽量是同一个小区。

如果整个大楼是一个小区，就不需要电梯切换设计了，如图 5-6-2(a) 所示。如果是多个小区，那电梯区域一定和底层区域是一个小区，无须切换；而在高层区域，出入电梯，才需要进行切换，如图 5-6-2(b) 所示。

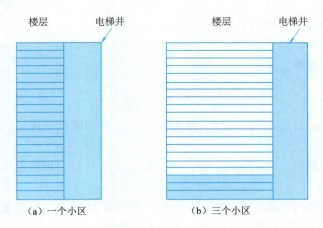

图 5-6-2 电梯的小区划分

为了保证切换顺利完成，要求电梯厅与电梯同小区覆盖，这样可以避免电梯的开关门效应，使通话用户在进入电梯之前或者离开电梯后完成切换，避免切换发生在电梯开关门的一瞬间，如图 5-6-3 所示。

在中小型楼宇中，一般在电梯井上部安装一个定向天线，保证电梯内为同一小区。

在较大楼宇中，电梯井内需要引入两个小区的信号，需要在电梯井的顶部和中部各引入一个定向天线。在电梯运行过程中会产生两个小区的切换,要合理设置切换参数来减少切换失败导致的系统性能问题。

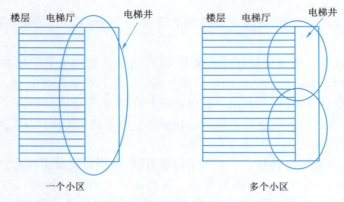

图 5-6-3　电梯和电梯厅设置为同一小区

在一些超高楼宇中,还可以采用泄漏电缆完成电梯的覆盖。

任务小结

本次任务学习中,主要介绍了室分系统下,各种场景如何去实现切换的设计。

※ 思考与练习

一、填空题

1. 室内覆盖切换设计的原则是_____。
2. 进行切换设计的前提是_____、_____、_____。
3. 切换设计的手段是_____、_____、_____。
4. 在室内场景中,主要有以下区域发生切换:_____、_____和_____等。
5. 切换关系包括_____、_____、_____等。
6. 在窗边的切换设计有两种情况:一是设置_____的切换设计;二是设置_____的切换设计。
7. 为了保证切换顺利完成,要求电梯厅与电梯_____,这样可以避免电梯的开关门效应。

二、选择题

1. 无线信号强度随时随地变化,覆盖水平的一般要求是终端在目标覆盖区内(　　)的地理位置,(　　)的时间可接入网络。
   A. 95%,95%　　　　　　　　　　B. 99%,95%
   C. 99%,99%　　　　　　　　　　D. 95%,99%
2. 在室内小区覆盖区域,室内小区的信号比室外小区泄漏进来的信号大(　　)dB。
   A. 5　　　　B. 10　　　　C. 15　　　　D. 20
3. 容量要求一般要求单用户忙时的 CS 业务等效语音话务量为(　　)Erl。
   A. 0.01　　　B. 0.02　　　C. 0.03　　　D. 0.04

4. AMR12.2k（语音业务）的误块率一般要求为（　　）。
   A.1%　　　　　B.2%　　　　　C.3%　　　　　D.4%
5. 在自由空间中，距离增加1倍，传播损耗增加（　　）dB。
   A.6　　　　　B.7　　　　　C.8　　　　　D.9

三、判断题（正确用Y表示，错误用N表示）

1.（　　）把切换带设置在繁忙的道路上，可能导致切换掉话，影响网络性能。

2.（　　）为了让用户在进入室内前完成切换，一般需要在出入口安置一个天线。

3.（　　）一般要求电梯在运行过程中尽量不要有切换，即整个电梯尽量是同一个小区。

4.（　　）一般小区覆盖边缘的吞吐率需求为最小要求，小区内其他位置的吞吐率必须大于这个要求。

5.（　　）室外宏站信号飘入室内高层，在室内形成"孤岛效应"，解决这个问题的方法是双向邻区策略。

四、简答题

1. 2G和3G室分系统的覆盖有何区别？请举例说明。
2. 室内覆盖估算的目的是什么？
3. 小区合并和小区分裂各自有何特点？
4. 室内频率规划的要点有哪些？
5. 天线口功率不能太大，也不能太小，为什么？

项目六
多系统共存设计

任 务　学习多系统共存

任务描述

本任务主要介绍多系统共存,涉及多系统干扰原理、系统间隔离度计算、多系统合路方式。

任务目标

- 识记:多系统共存。
- 掌握:多系统干扰原理。
- 掌握:系统间隔离度计算。

任务实施

一、多系统干扰原理

在一个较为封闭的会议室,有几个人同时想站出来讲话。如果这几个人说话的声音都很小,分别和自己的听众谈论不同的话题,那么彼此之间的影响比较小。

但是如果甲演说者说话的内容中包含了乙演说者涉及的部分话题,并且说话的声音较大,就有可能影响乙演说者的听众的接收效果(类似无线通信中甲系统的信号有一部分落入了乙系统的频带内,构成杂散干扰)。

如果甲演说者说话的内容和乙演说者毫不相关,只是声音足够大,也可以影响乙演说者的听众(类似无线通信中甲系统信号的频带和乙系统毫不相关,只是甲系统的信号太强了,阻塞了乙系统的接收机,构成阻塞干扰)。

如果甲演说者说话的内容和乙演说者毫不相关,一个是生物,另一个是化学;但是他们的话题结合起来落入丙演说者演讲的范围内——生物化学;甲乙的演说综合效果对丙造成了影响(类似无线通信中甲频率的无线信号和乙频率的无线信号由于系统的非线性,产生了新的频率的无线电波,即交调信号,对丙系统造成了影响)。

在室分系统中,多个系统的天线都挂在天花板上,或者都挂在某一墙壁上,如果天线之间的距离很近,彼此之间就可能造成干扰。另外一种情况是,多个系统共用同一个室分的天馈系统,天馈系统本身安装不标准,造成系统的非线性程度增加,这样不同系统之间也会造成干扰。

下面介绍多系统在同一楼宇内共存时可能碰到的相互干扰的问题,即干扰的机理;然后寻找多系统共存干扰的规避措施。

1. 干扰的种类

噪声和干扰既彼此联系,又相互区别。噪声的频带范围较大,通常通过叠加的方式作用在被干扰系统上;干扰则是指和无线通信系统频带宽度相近的,同频或异频之间,由于系统的非线性导致的彼此之间的相互影响,往往是一种乘性干扰。一般情况下,也把噪声看成干扰。

多系统干扰一般指干扰源对系统接收机产生的干扰。从广义上讲,可以分为由于杂散噪声产生的加性干扰和由于系统非线性产生的乘性干扰。由于干扰产生的机理不同,还可以分为杂散干扰、阻塞干扰和交调干扰(分为接收机交调干扰和发射机交调干扰)。下面分别进行介绍。

(1)杂散干扰。

杂散干扰,属于一种加性干扰。如图 6-1-1 所示,横坐标为系统发射信号的频率,纵坐标为系统发射信号强度。系统 A 和系统 B 是使用不同频率的系统,由于系统 A 的发射端不是十分理想,不但发射了自己频带内的信号,而且还产生其他频带的杂散信号,这个杂散信号落在了系统 B 的接收频带内,对系统 B 造成影响。这种杂散干扰,对接收端来说是无能为力的,只能在发射端想办法规避。

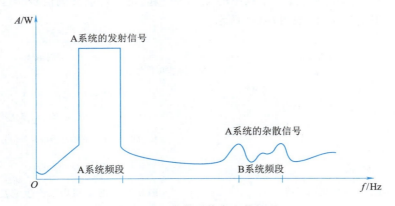

图 6-1-1 杂散干扰产生的机理

(2)阻塞干扰。

很多射频器件是有线性范围的,超过线性范围后进入饱和区,无线信号就会严重失真。

在正常情况下,接收机接收到的带内信号比较微弱,在接收机的线性区工作。当有一个强干扰信号,虽然不是系统频带范围内的信号,进入接收机时,抬高了接收机的工作点,严重时可使接收机进入非线性状态,进入饱和区,如图 6-1-2 所示。这种干扰称为阻塞干扰。

(3)交调干扰。

交调信号是指多个不同频率的强信号,在传播过程中碰到了非线性系统,所产生的另外频率的无线信号。交调信号的关键词是"多个不同频率""非线性"。交调信号落入了接收机的频带内,对接收机造成了干扰,称为交调干扰。

当两个频率的无线信号幅度相等,由于非线性的作用,产生两个新的频率分量,这种现象称为互调。也就是说,互调是交调的一种。

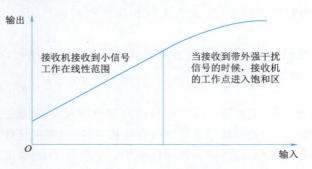

图 6-1-2　阻塞干扰产生的机理

交调信号可能在发射端产生,也可能在接收端产生。依据交调信号产生位置的不同,可以分为接收交调干扰、发射交调干扰。

当不同频率的多个干扰信号同时进入接收机时,由于接收机的非线性而产生的交调产物若落在接收机的工作带内,就形成了接收交调干扰,如图 6-1-3 所示。

发射交调干扰的位置有两种:一种是在发射机内部;另一种是在发射端附近。

从发射机发出的某个频率的强信号,由于发射机不十分理想,从输出端"倒灌"到发射机内部,由于发射机的非线性,这两种信号一起产生了交调产物。当然,从发射机发出的某个频率的强信号和从发射机外部来的另外一个频率的强信号一起,也会产生交调信号。这两种都是发射机内部产生的发射交调干扰,如图 6-1-4 所示。

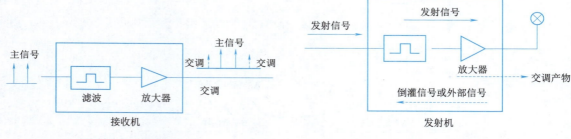

图 6-1-3　接收交调干扰　　　　　图 6-1-4　发射机内部产生的发射交调干扰

当多个不同频率的强信号同时作用在发射端附近的一些金属物体时,由于金属的非线性产生的互调产物,是一种在发射端附近产生的发射交调干扰,如图 6-1-5 所示。

注意:

①发射机发射的频带内信号,只能通过阻塞干扰途径降低接收机性能。

②发射机产生的带外互调和杂散信号,可以通过同频干扰、邻频干扰、互调干扰和阻塞干扰等途径降低接收机性能。

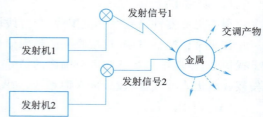

图 6-1-5　发射端附近产生的发射交调干扰

2. 干扰的规避措施

多系统共存时,可能产生杂散、阻塞和交调等多种类型的干扰。规避系统之间的干扰是室分多系统规划设计和建设施工中非常重要的事情。

规避系统之间的干扰可采取的办法有:提高发射机、接收机的线性度;调整频率;降低功率;增加滤波器;增加隔离度等方法。

(1)提高发射机、接收机的线性度。发射机和接收机的系统非线性可能产生过多的交调产物;非线性程度高的接收机又非常容易被阻塞。在发射机和接收机设计的时候,就需要选用线性度较高的射频器件,如滤波器、放大器;安装的时候,保证物理接口之间稳定可靠,保证附近不存在金属物体;维护的时候,要及时发现老化设备,进行更换调整。提高系统的线性度是多系统共存永恒的课题。

(2)调整频率。多系统之间的干扰往往是由不同频率的信号相互影响造成的。可以通过调整某个系统的频率,使它避开频率之间的相互影响,进而避免系统之间的干扰。用调整频率的方法解决多系统之间的干扰操作起来比较简单,但是频率的随意调整可能会影响整个室分系统的频率规划质量,适用范围并不广。

(3)降低功率。多个系统之间存在干扰,通过降低干扰源系统的发射功率,也可以减少被干扰系统所受的干扰。但是降低系统发射功率的方法在很多情况下并不适用,因为它影响系统的覆盖范围和覆盖质量。

(4)增加滤波器。在发射端增加滤波器,可以抑制发射端产生带外杂散信号、互调产物,避免影响其他接收系统。

在接收端增加滤波器,可以抑制带外阻塞干扰、带外交调干扰、带外杂散信号,提高信号的接收质量。

(5)增加隔离度。有时候,不同运营商的系统之间发生干扰,或者同一运营商的不同系统之间发生干扰,采用提高系统线性度、调整频率、降低功率、增加滤波器的手段,协调起来比较困难,操作性较差。而采用增加异系统间隔离度的方法,往往是可实施的方法。

在室分系统中,如果不共天线,通过提高空间隔离度的方法来抑制多系统干扰;如果是多系统共天馈,一定要选择端口隔离度符合要求的射频器件,如选择系统隔离度较大的合路器。

对于全向天线来说,可以通过调整天线的位置来增加室分的多系统空间隔离度;对于定向天线来说,除了调整天线位置外,还可以通过调整定向天线的方向角和下倾角来增加系统间的空间隔离度。

二、系统间隔离度计算

北风萧萧、雪花飘飘,几只豪猪冻得受不了了,挤在一起取暖。它们彼此之间太近了,身上的刺开始互相伤害,它们必须离得远一些。经过几次靠近、疏远,终于找到了最合适的距离(空间隔离度),既可以满足彼此取暖的需要(满足室内覆盖的质量),又不至于互相刺伤(避免多系统共存的彼此干扰)。

不同系统的天线在室内的布置类似豪猪取暖的故事(非共天馈系统的情况)。天线之间离得太远了,覆盖质量无法保证;离得太近了,系统之间又会存在干扰。系统间的天线应该离多远呢? 在前面的章节中介绍过,同一系统的天线之间,或者终端到天线之间的距离应该满足"大于最小耦合损耗"的要求。那么异系统天线之间的距离应该满足"大于空间隔离度"的要求。

也就是说,空间隔离度的要求决定了异系统间的天线距离。

1. 灵敏度恶化

系统之间的干扰会导致接收机灵敏度恶化。为了使接收机灵敏度恶化的程度控制在一定范围内,落在接收机频段范围内的干扰值就不能太大。

这个最大允许接收的干扰值(用 I_r 表示,单位 dBm)和最大允许的灵敏度恶化的值(用 ΔS 表示,单位 dB)是紧密相关的。假设接收机原来的底噪为 N(单位 dBm),大小为 I_r 的干扰使得底噪抬升,I_r 为加性干扰,底噪抬升的程度就是灵敏度恶化的程度。

单位为 dBm 的两个值是不能直接相加的,把它们转换成功率单位(mW)就可以直接相加了,如下式:

$$\text{底噪抬升的倍数} = \frac{\text{原低噪(mW)} + \text{带宽内干扰(mW)}}{\text{原低噪(mW)}} = 1 + \frac{\text{带宽内干扰(mW)}}{\text{原低噪(mW)}} \quad (6\text{-}1\text{-}1)$$

将以 dBm 为单位的 N 和 I_r,换算成以 mW 为单位的值代入上式,可得:

$$\text{底噪抬升的倍数} = 1 + \frac{10^{\frac{I_r}{10}}}{10^{\frac{N}{10}}} = 1 + 10^{\frac{I_r - N}{10}} \quad (6\text{-}1\text{-}2)$$

底噪抬升的倍数就是灵敏度恶化的程度,则灵敏度恶化值 ΔS(单位 dB)和落在频带内的干扰值 I_r(单位 dBm)的关系为:

$$\Delta S = 10\lg(1 + 10^{\frac{I_r - N}{10}}) \quad (6\text{-}1\text{-}3)$$

换一个形式,落在接收机频带内的允许的最大干扰 I_r(单位 dBm)和允许的灵敏度恶化值 ΔS(单位 dB)的关系还可表示为:

$$I_r = N + 10\lg(10^{\frac{\Delta S}{10}} - 1) \quad (6\text{-}1\text{-}4)$$

举例说明,WCDMA 系统在带宽范围内的底噪为 -105 dBm,那么 WCDMA 中允许的灵敏度恶化值和频带内允许的干扰值的关系为:

$$I_r = -105 + 10\lg(10^{\frac{\Delta S}{10}} - 1) \quad (6\text{-}1\text{-}5)$$

WCDMA 中允许的灵敏度恶化值和落在接收机频带内允许的干扰值的关系见表 6-1-1。

表 6-1-1 允许的灵敏度恶化值和落在接收机频带内允许的干扰值

允许的灵敏度恶化值/dB	0.1	0.5	0.8	1	2	3	5	6	8	10
频带内最大允许的干扰值(dBm/3.84 MHz)	-121	-114	-112	-111	-107	-105	-102	-100	-98	-95

2. 异系统隔离度

异系统发射出来的干扰值(用 P_s 表示,单位 dBm)途经各种损耗,落在接收机频带内的干扰不能大于接收机最大允许的干扰值 I_r。二者的差值就是隔离度要求 D(单位 dB),如下式:

$$D = P_s - I_r \quad (6\text{-}1\text{-}6)$$

(1) 发射端的 P_s 和接收端的 I_r。

发射端对接收机可能造成影响的信号有:发射机的带内发射功率、发射端产生的杂散信号和交调信号。发射端来的信号作用在接收机上,可能通过同频、异频、互调和阻塞的方式造成干扰,使接收机的性能降低,见表 6-1-2。

表 6-1-2　发射端对接收端的影响

发射端发出的信号 P_s	作用在接收机上的干扰 I_r
发射机的带内发射功率	接收机阻塞
发射端产生的杂散信号	接收机同频干扰
	接收机异频干扰
	接收机互调
	接收机阻塞
发射端产生的交调信号	接收机同频干扰
	接收机异频干扰
	接收机互调
	接收机阻塞

（2）发射端 P_s 和接收端 I_r 的数值来源。

来源有两个：协议上规定的指标值、各厂家实际测试的设备性能值。

基站和终端都有发射机和接收机。在相关协议中规定了基站或终端作为发射端的带内最大发射功率是多少，在某些频率范围内最大允许产生的杂散信号和交调信号是多少；同时也规定了基站或终端作为接收机什么时候可能被阻塞，能承受什么样的同频干扰、异频干扰和互调干扰。也就是说，协议中规定了发射机的带内发射能力、带外允许产生的干扰水平和接收机的各种干扰抑制能力。

发射机产生的带外干扰越小越好，接收机抑制干扰的能力越大越好。但网络设备厂家和终端生产厂家设计和生产的各种设备的发射能力和接收能力不一，和协议规定的要求不一样。在进行室分系统天线设计的时候，最好有设备的相关测试指标值。

由于发射端发射可能导致接收端的干扰信号有多种，在接收机上作用的机理也有很多种，作隔离度分析的时候，会有很多组合。当然，多种隔离度计算出来后，需要取较大的隔离度作为最终的设计值。

A 和 B 两个系统共存，涉及可能相互干扰的设备有 A 终端、A 基站、B 终端和 B 基站，可能存在的干扰见表 6-1-3。

表 6-1-3　A 和 B 两个系统共存可能存在的干扰

A 系统对 B 系统的干扰	B 系统对 A 系统的干扰
A 终端干扰 B 基站	B 终端干扰 A 基站
A 终端干扰 B 终端	B 终端干扰 A 终端
A 基站干扰 B 基站	B 基站干扰 A 基站
A 基站干扰 B 终端	B 基站干扰 A 终端

（3）隔离度分析公式应用关键点。

对于发射端 P_s、接收端 I_r 的具体数值，无论从协议上查到，还是从实际设备中测试获取，都应明确这些数值的 3 个要素：

①数值适用的频率范围。

②计算带宽 BW。

③功率电平(绝对值或相对值)。

在明确相关数值的3个要素后,应用隔离度分析公式还需注意以下两点:

①同一频段:发射端 P_s、接收端 I_r 应是同一频段范围内的数值。否则,发射的干扰信号影响不到接收机。

②同一带宽:发射机相关数值的带宽和接收机相关数值的带宽应一致。如果不一致,则需要换算。

多系统干扰产生的机理有很多种,两个系统可能发生干扰的设备组合也有很多种,这种组合,会有数十种隔离度需要分析,工作量还是很大的。读者只要知道隔离度分析的思路便可。这里举一个 GSM 基站对 WCDMA 基站杂散干扰的例子,说明隔离度分析的过程。

①查协议 GSM 900 基站在 1 920~1 980 MHz 的频率范围内的杂散信号指标是 -30 dBm/3 MHz。

②根据同一频段、同一带宽的原则,现在频率范围是 WCDMA 的 1 920~1 980 MHz,而 WCDMA 无线信号的带宽为 3.84 MHz,所以杂散信号指标需要转换:

$$-30 \text{ dBm}/3 \text{ MHz} = -30 \text{ dBm} + 10\lg\left(\frac{3.84 \text{ MHz}}{3 \text{ MHz}}\right) = -29 \text{ dBm}$$

③从表 6-1-1 可知,灵敏度下降 0.1 dB 时,WCDMA 在 1 920~1 980 MHz 频带范围内,最大允许的干扰值是 -121 dBm/3.84 MHz。

④隔离度计算:$D = P_s - I_r = [-29 - (-121)] \text{dB} = 92 \text{ dB}$

在多系统共存的情况下,涉及不同系统的不同设备之间、不同干扰机理的多种隔离度。在实际工程中,要选用隔离度值最大的那一个。表 6-1-4 是 WCDMA 与其他系统共存时按照协议分析得出的隔离度参考值。

表 6-1-4　WCDMA 和其他系统共存的隔离度参考值

异系统		隔离度参考值/dB
GSM 900		92
DCS 1 800		92
CDMA 2 000	Band0	114
TD-SCDMA	2 010~2 025 MHz	58
	2 300~2 400 MHz	97
	1 880~1 916.4 MHz	83
PHS		89
WCDMA		41

3. 异系统天线距离

室分系统中,在异系统共存,不共天馈的情况下,异系统天线之间应该离开一定的距离,以满足隔离度的要求。

需要注意的是,异系统隔离度是指从 A 系统信源的机顶口到 B 系统信源的机顶口之间的隔离度,包括室分系统的损耗和空间损耗。也就是说,空间隔离度只是异系统隔离度的一部分。空间隔离度的计算公式如下。

水平方向隔离度:

$$DH(dB) = 22 + 20\lg\left(\frac{d}{\lambda}\right) - (G_t + G_r) \tag{6-1-7}$$

垂直方向隔离度:

$$DH(dB) = 28 + 40\lg\left(\frac{d}{\lambda}\right) \tag{6-1-8}$$

【例 6-1-1】某一楼宇已经存在其他运营商的 GSM 900 室分系统,从信源机顶口到天线口的损耗为 25 dB,天线的增益为 1 dBi。现在要新建一个 WCDMA 的室分系统,从信源机顶口到天线口的损耗为 30 dB,天线的增益也为 1 dBi。在灵敏度允许恶化 0.1 dB 的时候,隔离度要求为 92 dB,天线都在天花板布放。求 WCDMA 天线应该离 GSM 天线多远?

先计算水平方向隔离度的需求:

$$(92 - 25 - 30)dB = 37 \ dB$$

于是有:

$$DH = 22 + 20\lg\left(\frac{d}{\lambda}\right) - (G_t + G_r) = \left[22 + 20\lg\left(\frac{d}{0.15}\ m\right) - (1 + 1)\right] dB = 37\ dB$$

得 $d = 1.06$ m。所以,WCDMA 天线离 GSM 900 天线的距离大于 1 m 时,可以满足隔离度要求。

三、多系统合路方式

利用已有 2G、3G 室分系统建设 4G 分布系统,或者 2G、3G、4G 共建室分系统时,需要考虑天馈系统共用问题。

多系统共用天馈系统有两个关键点:合路器的选择、合路点的选择。合路器的选择讲究"隔离有度",合路点的选择讲究"前后有别"。

1. 合路器的选择

选择合路器时,要注意合路器的频率工作范围是否支持要合路的所有无线制式,多制式合路器端口之间的隔离度是否满足要求。表 6-1-5 是多制式共天馈时合路器隔离度要求的参考值。

表 6-1-5 多制式共天馈时合路器隔离度要求的参考值(单位:dB)

不同制式	PHS	WCDMA	TD-SCDMA	DCS1800	GSM	WLAN
PHS/300 kHz	—	81	70	81	81	87
WCDMA/3.84 MHz	81	—	33	33	33	89
TD-SCDMA/1.28 MHz	93	33	—	33	33	89
DCS1800/200 kHz	79	29	29	—	77	87
GSM/200 kHz	79	29	29	67	—	89
WLAN/20 MHz	79	84	84	84	84	—

2. 合路点的选择

选择合路点时,应该按信源功率的不同、分布系统损耗的大小、天线口功率和边缘场强的要求来选择。合路点的选择有前端合路和后端合路两种方式。

(1) 前端合路。

两个(或多个)无线制式信源先合路,再馈入室分系统,共用主干路由,如图6-1-6所示。

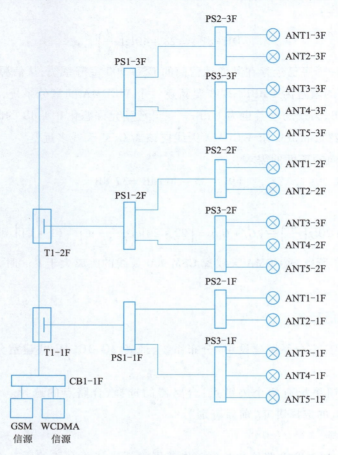

图6-1-6 前端合路

前端合路方式的优点是:不需要对室分的天馈系统进行大的改造,便于快速部署。但缺点也很明显,由于3G制式和WLAN制式采用的频率比较高,共用主干路由的方式对于这些制式来说,损耗过大,有可能造成天线功率不足,无法满足边缘覆盖电平要求。

前端合路方式主要应用在面积较小,覆盖范围较小的中小型建筑物,如小型写字楼、中小型商场、咖啡厅、酒吧和舞厅等场所。

有的楼宇,原有2G室分系统为有源系统,即在主干或分支上使用了干放等有源器件,这样的有源器件无法多系统共用。如果一定要使用干放,应该每个制式都使用一个,使用两个合路器将两个干放接入,如图6-1-7所示。

(2) 后端合路。

新合入系统新建主干路由,在平层处靠近天线端和原有系统合路,共用平层分布系统,而主干路由各走各的,如图6-1-8所示。

后端合路的优点是:新合入系统的信源拉远单元靠近天线,主干使用光纤,节约了主干的馈线损耗,工作频率较高系统比较容易保证天线口功率,从而保证室内覆盖的效果。如果原有室分系统的主干上使用了干放,这种合路方式可以轻松绕过,工程上可以避免对原有主干馈线的改造。后端合路方式便于天线口的多制式功率匹配。

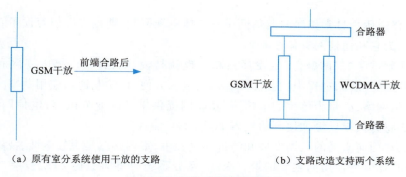

（a）原有室分系统使用干放的支路　　（b）支路改造支持两个系统

图 6-1-7　有源系统的前端合路

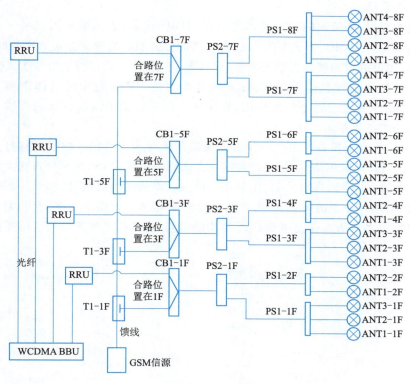

图 6-1-8　后端合路

后端合路的主要缺点是：需要增加更多的合路点，比前端合路对原有系统的影响大；另外，还需要较多的信源、合路器，增加了器件成本。

后端合路方式主要用于面积较大、话务量集中的大中型建筑物，如大型写字楼、住宅高层和大型场馆等场景。由于 WLAN 使用的频点较高，其室分系统引入也采用后端合路方式。

四、室分系统的演进

通信行业的两大发展趋势是：无线宽带化趋势（从 2G、3G、4G 到 5G）和宽带无线化趋势（从传统的 LAN 到 WLAN、WIMAX）。这两种趋势的共同方向是 LTE，来满足未来终端用户对高速率和丰富业务的需求。这个过程实际上是传统电信网和互联网从接入手段到业务应用的融合。

还有一个普通用户日常接触的通信网——广播电视网，长期以来人们习惯了它提供的视频类节目，却不认为它和通信网有什么联系。

目前，国家制定了"三网融合"的发展战略。也就是说，电信网、广播电视网和互联网在向下一代网络演进和发展的过程中，实现终端融合、接入方便、传输互通和应用共享。广播电视网融入下一代通信网络，必将为传统的电信网、互联网提供丰富的业务内容；电信网、互联网融入广播电视网，必将为其提供更加便利的接入手段。

不可否认，在面向未来的三网发展和演进的过程中，室内必然是视频电话、视频流媒体和在线游戏等高速数据业务使用的主要场景。因此，室分系统必将向支持 LTE、支持三网融合的方向发展。

1. LTE 室分系统

LTE 实现大容量、高带宽的关键技术之一是 MIMO 技术（多入多出天线系统）。如果有些室内场景不需要支持 MIMO，那么 LTE 与已有制式的室分系统的覆盖方式非常类似。

但是，LTE 建设的目的就是提供大容量、高带宽，不使用 MIMO，网络的性能就会大打折扣。

室分系统的规划设计和建设施工，最大的困难就是 MIMO 技术的具体落实。具体来说，MIMO 技术需要多天线配合才能发挥作用，它比传统的室分系统需要更多的天线挂点，这会给建设施工带来更大的困难。

一般来说，LTE 室内覆盖是由多套分布式天馈系统叠加组成的。由于天线挂点需求较多，施工难度大，在 LTE 发展初期，尽量只在数据热点区域采用双 DAS（两套分布式天馈系统）实现 MIMO（2 入 2 出的 MIMO），在理论上，用户吞吐量可以得到两倍的提升，如图 6-1-9 所示。但在不同场景、不同的用户分布情况下，引入两路天线的实际覆盖效果不一样，有些时候，不一定比单路天线效果好很多。所以在使用双 DAS 结构的时候，要进行必要的场景应用评估测试。

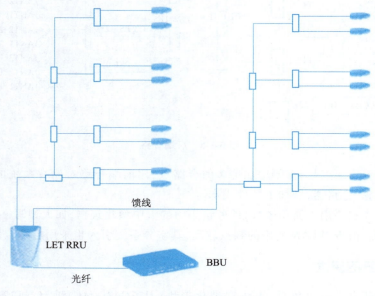

图 6-1-9　LTE 双 DAS 结构

传统的室分系统是指分布式天线系统(Distributed Antenna System)。LTE 以后,会出现很多微小功率基站,因此 LTE 的室分系统可以是信源系统的分布,或者是"信源分布"和"天线分布"结合的分布系统,如图 6-1-10 所示。

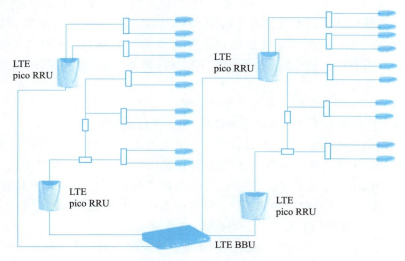

图 6-1-10　"信源分布"和"天线分布"结合

目前,业界出现的双极化 LTE 室内型天线,是专门为 MIMO 技术应用在室内而设计的天线。它用一个天线就实现了 LTE 两个天线才能实现的效果,可以带来 3 dB 的极化分集增益,增加了室内覆盖效果,提高了系统容量,可以减少室分系统建设的工作量。

2. 三网融合

三网融合是指电信网、广播电视网和互联网的融合,这里的"融合"更多是从为终端用户统一服务的角度上说的融合,而不是"网络"上的合一。具体来讲,融合应该是指 3 个网络的"业务内容"资源共享,彼此互联互通,用户接入方式灵活。对于运营商来说,不同的网络平台可以提供丰富的业务内容;对于最终用户来说,使用任何终端都可以享受打电话、上网和看电视等不同业务。也就是说,对用户而言,三网融合是"一站式""一揽子"的服务方案,如图 6-1-11 所示。

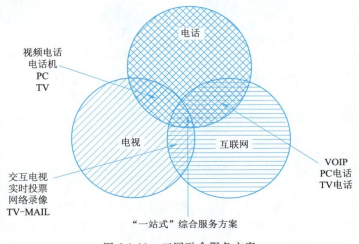

图 6-1-11　三网融合服务方案

国家对三网融合的规划步骤是:2010~2012年重点开展广电和电信业务双向进入试点;2013~2015年,全面实现三网融合发展,普及应用融合业务,基本形成适度竞争的网络产业格局。

三网融合的技术基础是"光纤化""IP化"。光纤化的技术为传送大容量、高速率的业务提供了必要的带宽和传输质量。IP化技术采用TCP/IP协议,使得3大网络以IP协议为基础实现互联互通。三网融合后,室内覆盖自然也是非常重要的。光纤到楼(FTTB)或者光纤到户(FTTH),逐渐取代现有的同轴电缆,为三网融合的室内覆盖奠定了传输基础。"光进铜退"是三网融合进程的伴随过程。

下面介绍两个三网融合后室内覆盖可能的方案。

(1)三网融合室内覆盖的方案一:"共享应用、接入手段利旧"。

电视仍使用同轴电缆的方式;计算机通过有线或无线的方式接入互联网;手机通过室分系统接入移动电信网。但不管哪个网络的终端,都可以使用电视、互联网、移动电信网上的各种业务。这就要求各个网络的终端数字化智能化,能够兼容三网的业务,如电视支持视频交互、视频上网等功能,手机或电话支持看电视、上网,计算机也支持看电视、打电话。

(2)三网融合室内覆盖的方案二:"一点接入、共享应用"。

终端已经实现了数字化、智能化,兼容三网业务。在室内布放一个三网融合的综合接入点,统一为计算机、电话、电视提供有线接入,同时可为手机、计算机或电视提供无线接入,实现有线和无线的统一接入。通过这个统一的接入点,根据申请的业务类型,分别和广播电视网、互联网、移动电信网通信,如图6-1-12所示。

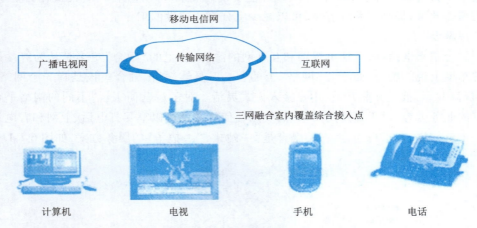

图6-1-12 三网融合室内覆盖综合接入点方案

五、TD-LTE与其他系统共存干扰分析

1. 邻频干扰

(1)室内TD-LTE使用2 350~2 370 MHz,TD-SCDMA使用2 320~2 330 MHz,存在邻频干扰。

(2)当采用共模RRU时,需通过上下行时隙对齐方式规避系统间干扰。

(3)当采用与TD-SCDMA E频段独立RRU时,通过电桥实现合路,并通过上下行时隙对齐方式规避系统间干扰。

2. 异频段杂散、阻塞干扰

方法：根据相关协议指标进行计算，并取杂散干扰和阻塞干扰的最大值（其中杂散干扰以底噪提高 1dB 为标准）。

结论：TD-LTE 系统与其他系统干扰的隔离度要求见表 6-1-6，其中与 WLAN 的干扰情况较为严重。

措施：相关系统直接合路时合路器的隔离度需满足表 6-1-6 要求。

表 6-1-6　干扰隔离度要求

	GSM 900 M	DCS 1800 M	TD-CDMA（F、A）	WLAN
LTE 作为干扰系统的隔离度	36	44	59	88
LTE 作为被干扰系统的隔离度	83	83	31	87

3. 互调干扰

对于 LTE 使用 2 350 – 2 370 M 频率的情况，不会与 GSM、DCS 和 TD 系统产生互调干扰；

如分布系统中同时合路的系统较多（一般认为大于 4 个时），此时系统间的干扰组合非常多，已经不能通过简单的干扰分析来判断，则建议采用 POI 收发分缆系统进行干扰规避。工程中常见系统的隔离度要求见表 6-1-7。

表 6-1-7　干扰隔离度要求

系统	CDMA1x	GSM	DCS	WCDMA	CDMAEV-DO	TD-SCDMA（A）	TD-SCDMA（F）	WLAN
干扰隔离	81	82/35	82/43	58	87	58/31	87/31	88

4. 干扰解决建议

共室分系统组网时，通过选用隔离度满足上表要求的合路器/POI 满足系统隔离要求。

独立建设时：

（1）TD-LTE 系统与中国移动 GSM 900、DCS 1 800、TD-SCDMA（A、F）等系统的天线应保持 1 m 以上的隔离距离。

（2）TD-LTE 系统与其他运营商的 CDMA 1x、GSM 900、DCS 1 800、CDMA EV-DO、WCDMA 等系统的天线应保持 1 m 以上的隔离距离。

任务小结

本任务主要学习多系统共存设计，从多系统共存遇到的干扰着手，介绍了多系统间隔离度估算、合路方式的选择。

※ 思考与练习

一、填空题

1. 室内覆盖切换设计的原则是_____。

2. 进行切换设计的前提是_____、_____、_____。

3. 切换设计的手段是_____、_____、_____。

4. 在室内场景中,主要有以下区域发生切换:_____、_____和_____等。

5. 切换关系包括_____、_____、_____等。

6. 在窗边的切换设计有两种情况:一是设置_____的切换设计;二是设置_____的切换设计。

7. 为了保证切换顺利完成,要求电梯厅与电梯_____,这样可以避免电梯的开关门效应。

二、选择题

1. 一般把切换带设置在门厅外多少米左右的地方,切换带的直径大约为多少( )。
  A. 5 m,2~5 m　　　B. 10 m,2~5 m　　　C. 5 m,3~5 m　　　D. 10 m,3~5 m

2. 以下说法错误的是( )。
  A. 在中小型楼宇中,一般在电梯井上部安装一个定向天线,保证电梯内为同一小区
  B. 在较大楼宇中,电梯井内需要引入两个小区的信号,需要在电梯井的顶部和底部各引入一个定向天线
  C. 在电梯运行过程中会产生两个小区的切换,要合理设置切换参数来减少切换失败导致的系统性能问题
  D. 在一些超高楼宇中,还可以采用泄漏电缆完成电梯的覆盖。

3. 以下不可以规避系统之间的干扰的是( )。
  A. 提高发射机、接收机的线性度　　　B. 增加滤波器
  C. 提升功率　　　D. 调整频率

三、判断题(正确用 Y 表示,错误用 N 表示)

1. ( )把切换带设置在繁忙的道路上,可能导致切换掉话,影响网络性能。

2. ( )为了让用户在进入室内前完成切换,一般需要在出入口安置一个天线。

3. ( )一般要求电梯在运行过程中尽量不要有切换,即整个电梯尽量是同一个小区。

四、简答题

1. 简述室分系统中干扰的种类。

2. 规避系统之间的干扰可采取的办法有哪些?

3. 合路点的选择有前端合路和后端合路两种方式,两种方式有何优缺点?适用于哪些场景?

4. 简述交调干扰的内容。

5. 简述 MIMO 技术的定义,MIMO 技术的分类主要有哪两类?

6. 请简述三网融合室内覆盖的两个方案"共享应用、接入手段利旧""一点接入、共享应用"的具体内容?

项目七
多场景室分设计

任务一 商务写字楼与居民住宅室分设计

任务描述

本任务主要介绍常见的商务写字楼与不同建筑类型居民住宅区的室分系统设计的过程原则和注意事项。

任务目标

- 识记:商务写字楼室分设计。
- 掌握:居民住宅室分设计。
- 掌握:通用高层覆盖设计。

任务实施

一、商务写字楼、高级酒店室分设计

一般的大型商务写字楼和高级酒店的覆盖面积在 10 000 m^2 以上,楼层数在 15 层以上,高端用户所占比重大,小流量、高价值业务需求较大。办公区和客房区一般都布置了有线宽带,低价值、大流量业务一般会通过有线完成;而一些商务区、会议区用户集中,数据业务需求量较大,有线连接不方便,对无线接入点的需求较为强烈。

商务写字楼和高级酒店的共同特点如下:

(1)整个楼宇可以划分为不同的功能区:一楼大厅、咖啡厅、餐厅、商务中心、会议室、座席区、客房区和电梯区。

(2)高端用户多,数据业务需求较大,话务分布变化大。

(3)兵家必争之地、多种无线制式共存。

总的来说,需要根据商务写字楼和高级酒店的功能区覆盖和话务特点确定分布系统的建设

129

方案。下面进行重点介绍。

商务写字楼和高级酒店不同楼层的功能不同，覆盖需求和容量需求也不同，需要分别进行计算。商务写字楼的会议区、商务区的话务量较大，其他区域的话务量较少；高级酒店低层商务区和消费区的话务量较大，高层客房的话务量较小。

在酒店和写字楼建设室分系统时，一般不存在天线无法安装、走线困难的问题，可以通过多种合作协议解决物业协调困难的问题。

在酒店和写字楼的走廊区域，可以考虑每隔 15~20 m 安装一个吸顶天线，以保证信号强度能够克服一堵墙的损耗。而在办公区和会议区，要考虑板状天线靠墙安装的方式。

由于数据业务需求较多，一般需要配置一两个或以上的 HSDPA 载波；在商务区和消费区，还可以使用 WLAN 来承担大流量、低价值用户的数据业务需求。有室分系统的场景，WLAN 可以通过共用室分来完成覆盖；没有室分的场景，WLAN 采用室内放装型 AP 来进行覆盖。对于大厅、大型会议室和多功能厅，每个 AP 覆盖 150 m^2 的范围。

室分系统小区的划分要适应话务，随着话务的浪涌和话务的迁移，合理地进行小区的合并和分裂。

为了适应话务分布的变化，可以通过小区覆盖范围的动态调节来适应。通过小区合并来扩大小区覆盖，或者通过小区分裂来提高网络容量。

在商务写字楼和高级酒店，可以根据覆盖范围和话务分布划分为两个或两个以上的小区。覆盖楼层少但话务量大的功能区可以划分为 1 个小区，客房区或者办公区一般 10 层左右可划为一个小区，当然要看单层面积大小和话务量大小。

二、别墅小区、高档社区室分设计

一般的别墅小区、高档社区的建筑密度低，楼层少，建筑物较矮，周围绿化面积大，楼宇间距一般在 30 m 以上；建筑物多为框架结构的板楼，墙体薄，穿透损耗相对较小。这些场景的高端用户多，对数据业务质量要求高。

这类场景的覆盖难度不大，话务趋势较为平缓，这个场景最大的特点是 VIP 用户较多，需要重视。

别墅小区、高档社区对周边环境要求较高，用户不希望看到视野范围内的辐射污染，一般需要选用和自然环境相和谐的伪装天线或者美化天线，图 7-1-1 中没有叶的竹子是通信天线。

别墅小区、高档社区的重点覆盖区域主要是住宅内部，由于穿透损耗较少，在一些规模不大的社区完全可以使用室外宏站或微蜂窝进行覆盖。在规模较大的社区，可以通过建设室外分布系统来保证该场景的覆盖质量，但相应的建设成本会增加。

三、高层住宅、居民小区室分设计

高层住宅小区或者居民生活小区多为钢筋混凝土框架结构，楼宇高度一般大于 15 层，如图 7-1-2 所示。根据小区规模的不同，有的是成排成列的多栋楼

图 7-1-1　别墅区美化天线

宇,还有一些是单栋高层建筑或者单排高层建筑。通常情况下,越高层的住宅,越高档的社区,前后楼间距越大。

图 7-1-2　高层住宅

这样楼宇形状一般接近长方形,钢筋混凝土的墙体厚度大(南北方有些差别),住户通常都要安装穿透损耗较大的防盗门,无线信号的穿透损耗较大。一般情况下,生活小区不允许室分天线入户安装,单靠楼宇内公共区域的天线很难覆盖到间隔多堵墙的深处。

1. 高层覆盖问题

室分系统建设的不足,可以通过室外分布系统的建设来弥补。在生活小区的道路两旁,使用伪装成路灯的天线覆盖室外区域和楼宇内底层住户靠近窗边的区域。

问题的关键是楼宇高层怎么办?地面上的伪装天线很难覆盖到楼宇高层。大家自然想到,在楼宇的顶层或中高层安装伪装天线,覆盖对面楼宇,如图 7-1-3 所示。当然,在顶层安装天线,容易导致信号外泄,影响周边其他小区。所以最佳的位置是在楼宇高度的 3/4 处,并考虑一定角度的下倾。

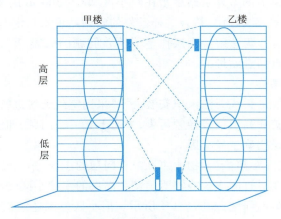

图 7-1-3　高层住宅覆盖示意图

问题好像解决了,但是通过现场对高层住宅覆盖效果的调查发现,多数楼宇弱覆盖问题和导频污染问题仍然非常严重。正所谓"高处不胜寒",高层的无线电波不仅自身"体力不支",而且还经常和远道而来的无线电波"打架"。

为什么会出现"高处不胜寒"的问题呢?

合适的"天线挂点"难寻,无关的"无线信号"乱飘。

天线应放在什么位置?能放在什么位置?这不只是一个技术问题,更多的是一个物业协调和无线勘测的问题。

天线应放在什么位置?从覆盖效果上看,覆盖高层的天线应该放在对面大楼的中高处,且对面楼宇距本楼在 30~60 m 范围内。

但天线能够放在什么位置和应该放在什么位置是两回事。有的时候前后楼宇间隔太大,有的时候楼宇外观有严格要求,有的时候馈线走线困难。

用于天线对打的前后楼宇间不宜间隔太大,太大的间隔会导致一般的室分天线增益不足,无法覆盖到对楼;而换用增益较大的天线安装又不方便。

有的时候高档社区楼宇外观整洁漂亮,要求很好的一致性,不能随便安装任何东西,物业协调相当困难,所以只好退而求其次,看是否能够在楼顶安装天线。在高层楼顶安装天线最大的问题是外泄控制的问题,因为楼层较高,天线的覆盖范围不可能控制得那么精准,稍不留神信号就有可能飘到周边其他小区。

高层住宅的天馈走线一般也会碰到问题,有的楼宇阳面没有一点公共区域,弱电井、电梯井和下水通道都在阴面,楼宇阳面难以走线。这时候,馈线只能绕经楼顶,然后安装在类似下水管的软管里。但这样会增加馈线损耗,降低天线口的信号功率。

2. 室外宏站的配合

居民小区的高层覆盖问题不考虑周边宏站的配合是很难彻底解决的,尤其是天线挂点难寻、外泄难以控制的楼宇。

解决高层弱覆盖问题,可以考虑以居民小区为中心的局部网络结构的调优。通过对室外宏站的方向角、下倾角和站高进行调整,甚至专门拿出一个扇区覆盖这个小区。

但是室外宏站弥补高层住宅覆盖不足的前提是宏站站点距离合适,站高差不多。如果站点过远,站址高度差别太大,很难在覆盖范围内形成主导小区,而且容易导致一定范围内的导频污染。

配合居民小区高层覆盖的室外宏站尽量在距小区 200~300 m 的距离内选择,且站址高度在 35 m 左右。当然,在实际工程中,符合这样条件的宏站站址不一定有。

总之,在室分、室外分布无法解决高层住宅弱覆盖问题的时候,需要考虑利用室外宏站,必要时可以考虑在小区附近新选站址。

3. 高层住宅覆盖的思路

住宅小区的室分系统的天线无法入户安装,需要采用室外天线进行补充覆盖。这种场景最常见的问题是高层弱覆盖和高层信号导频污染,本质上是一个问题,即没有主导小区,所以高层覆盖方案关注的重点就是明确主导小区。

在楼宇成排成列、间隔距离恰当、物业协调没有问题的小区,采用常规的在楼宇高层安装射灯天线或者其他伪装天线对打的方式能够明确楼宇高层的主导小区,较为轻易地解决小区范围内高层弱覆盖或导频污染的问题,如图 7-1-4 所示。但小区外围还需借助室外宏站的信号进行覆盖。

如果楼宇间隔大于 60 m,由于损耗加大,射灯天线增益不足,对面楼宇可能覆盖不足,尤其对 3G 无线制式来说更是如此,如图 7-1-5 所示。

首先考虑的是,在高层住宅的弱覆盖楼层和导频污染楼层增加室分天线或室外射灯天线数目,增大天线口功率。

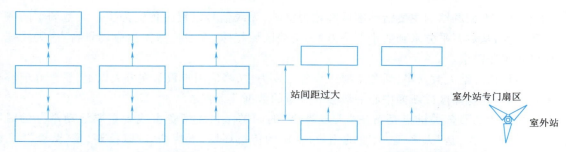

图 7-1-4　住宅高层射灯对打方案

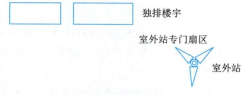

图 7-1-5　站间距过大的高层住宅弱覆盖问题的解决

增加天线口功率不能解决问题的时候,就需要考虑换成大增益的天线。如果大增益天线安装不方便,就需要考虑用室外宏站的专门扇区进行覆盖。

对于独立成排的楼宇(见图 7-1-6),没有可以用来安装射灯天线或伪装天线的对面楼宇,除了加强室分系统的覆盖外,还需要考虑周边合适宏站的专门扇区的覆盖,这个扇区可以用上倾的方式来覆盖高层。但上倾的方式容易导致信号外泄,对远处造成干扰,需要慎重使用。

图 7-1-6　独排楼宇高层弱覆盖问题的解决

任务小结

本任务主要学习商务写字楼与居民住宅室分设计,涉及场景较多:主要集中在商务和居民住宅方向。

任务二　分析大型场馆室分设计的关键要素

任务描述

本任务主要介绍在进行大型场馆室分设计时天线选型、容量和切换等关键要素的设计方法。

任务目标

- 识记:天线选型及天线挂点。
- 掌握:动态容量配置。
- 掌握:动态切换设计。

任务实施

一、天线选型及天线挂点

会展中心、体育场馆等场景都属于大型场馆类型,大多采用钢铁骨架、玻璃幕墙,场馆举架高、面积大。大型场馆的主要活动区域都较为空旷,无线信号以视距传输为主。大型场馆的覆盖面积较大,从数万平方米到数十万平方米;覆盖区域特殊,天线选型需适应场景特点,天线挂点应满足覆盖需求。

大型场馆容纳人数众多,话务主要以事件触发为主,峰值用户数常在万人以上,属于峰值容量受限场景;在媒体区或新闻中心一般会有大量的数据业务需求。

大型场馆的覆盖关键点是解决"人多势众"的问题。在大型赛事或者重要活动举办的时候,突发话务量大,是"人多"。大量的用户,空旷的传播环境,干扰杂,难以控制,是"势众"一;出入口人员移动量大,切换频繁,是"势众"二。

"人多势众"的问题需要通过小区划分、动态容量配置、干扰控制和切换设计来解决。

1. 天线选型

大型场馆一般需要近百个天线挂点,活动区域较为空旷,为了避免信号杂乱,形成小区内或小区间的干扰,需要严格控制天线的覆盖区域。因此,根据覆盖区域的形状特点,可以改变传统蜂窝形状覆盖的方法,以矩形覆盖代之。

在大型场馆天线选型的时候,要优先选择具备波束形状控制技术的天线,可以控制天线的方向图为矩形,如图 7-2-1 所示。具有波束形状控制功能的天线必须对副瓣及后瓣进行严格抑制,要求半功率分界线外的功率迅速降低。

同时,要求天线外观适合大型场馆,天线尺寸便于施工安装。大型场馆中天线的尺寸和挂点受限于场馆条件。举例来图 7-2-1 波束形状为矩形的方向图说,TD-SCDMA 的智能天线的尺寸过大,在大型场馆内安装特别困难,在大型场馆中一般选用单通道天线。另外,为了减少投资,避免重复进场和窝工废料,要采用多种无线制式共用宽频天线的方式来进行大型场馆的覆盖。在空旷区采用少天线大功率方式覆盖,而在工作区、办公室采用多天线小功率方式覆盖。

图 7-2-1 波束形状为矩形的方向图

2. 天线特点

天线挂点,也称天线的安装位置,会决定馈线的走向、长度,从而决定馈线的损耗,进一步决定天线的覆盖效果。

在体育场馆中,选择天线挂点可以考虑以下几种方式。

(1)挂在顶层的钢架结构上,如图 7-2-2(a)所示。

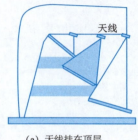
(a) 天线挂在顶层

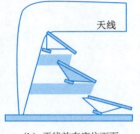
(b) 天线放在座位下面

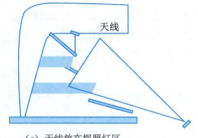
(c) 天线放在探照灯区

图 7-2-2 选择天线挂点

(2)放在座位下面的隔层结构上,如图7-2-2(b)所示。

(3)放在座席区四周的探照灯区,如图7-2-2(c)所示。

在会展中心,一般考虑在建筑结构顶层、墙壁四周悬挂板状波束赋型天线,还可以利用布展的支撑架灵活安放天线。

大型场馆的干扰来源主要有两个:一个是由于大型场馆中部比较空旷,导致的系统内用户之间的干扰;另一个是多运营商、多无线制式合路引入的相互干扰。

控制小区间和小区内用户干扰的主要方法是严格控制天线的覆盖范围,减少小区之间的重叠区域。选择方向性好、波束赋型能力强的板状天线是控制干扰的主要手段;其次是调节天线的方向角和下倾角,控制其覆盖范围。

多制式合路的时候,选择宽频射频器件,必须满足不同系统间的端口隔离度要求。如果是多制式分布系统不合路共存,可通过增大天线口的空间间隔来满足隔离度要求。

二、动态容量配置

小区划分的原则有两点:话务的均衡性和人员的流动性。

话务的均衡性是指各小区覆盖范围内产生的话务量尽量差不多,避免出现超忙小区或超闲小区。在大型场馆的座席区,可以按照覆盖面积等分的方式来保证均衡,但是并不能在整个场馆内简单地按面积等分,特殊区域(如媒体区、工作区和VIP包房等区域)需要单独考虑,场地中央的非座席区也需要单独考虑。

小区划分还要充分考虑人流的移动性特点。频繁的人员流动区不适合做分界面,如场馆的出入口、座席区的走道部分。

举例来说,根据某体育场馆各区域的峰值话务计算,座席区、媒体区和中央场地共需要15个小区,小区划分如图7-2-3所示。这里媒体区话务需求量大,特殊处理一下,划分为两个小区;中央场地虽然面积较大,但产生的话务量一般,划分为两个小区即可满足。

分区时,需要考虑覆盖天线的可能安装位置。将设计分区与天线角度控制结合起来,可以达到比较好的效果。

容量设计问题是大型场馆室内设计重点解决的问题。大型场馆的话务需求主要是以事件触发为主,在非活动期间话务需求较少。这样一个特点使得大型场馆在容量设计的时候,既要考虑峰值时的话务量,又要考虑在非活动期的资源利用效率。这是一个两难的问题,容易顾此失彼,但是通过容量资源的动态共享可作一些折中。

大型场馆需要支持几万用户甚至几十万用户的通信需求,对系统的容量要求极高,需要提供大容量的产品解决方案来解决网络容量问题。现在,业界很多厂家能够提供适合大型场馆的大容量BBU。

在这些热点区域,可以考虑布置WLAN吸收大流量、低价值的数据业务。采用放装型AP来覆盖,一个AP可以设计$100 \sim 150 \ m^2$的覆盖范围,同时支持20个左右的并发用户数。

大型场馆的主体育场和周围的功能区、休闲区的话务之间是相互流动的,这一点可以通过调查分析目标会场的人员流动场所确定。在人员流动的区域之间可以考虑共享基站资源,实现容量的动态配置,如图7-2-4所示。

容量的动态调度,就是提供自适应的话务调度功能,"好钢使在刀刃上",资源用在忙点上。大型场馆的话务量随时会发生变化,容量随话务自适应调度,提高了资源利用效率,适应了话务迁移的特点，节约了用户投资。

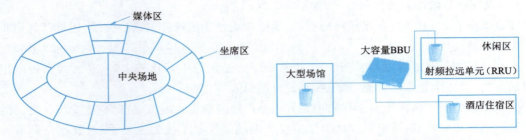

图 7-2-3 某体育场馆小区划分举例　　　图 7-2-4 大型场馆的容量动态配置

在大型活动开展的时候，还需准备好一定数量的应急通信车，规划好应急通信车的停靠位置。大型场馆的设备应该具备搬迁容易、安装方便的特点，以便在活动之后设备空闲期间挪为他用，提高设备使用效率。

三、切换设计

大规模的人员流动一方面引起局部话务迁移和话务突发，另一方面带来小区间切换量的增加，大量资源被消耗，导致网络质量下降。

切换设计的原则是尽量少切换，以保证通信畅通。要想实现切换次数最少，就必须合理地规划小区边界，避免切换区域设在话务高峰、人员流动频繁的地带，如观众席之间的走道，场馆的出入口。

在活动开始和结束期间，会有大量场外和座席区的人员流动，如图 7-2-5 所示。在设计切换区域的时候，尽量将座席与其对应的休息大厅设置成相同的小区，将场外小区和底层座席区设置为同一小区，这样进入场内的人群只有一半的话务需要发生切换。

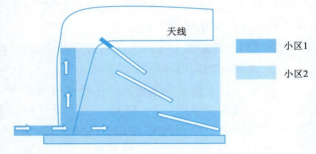

图 7-2-5 大型场馆的切换设计

任务小结

本任务主要学习大型场馆室分设计，包含了大型场馆室分的天线选型及天线挂点、动态容量配置以及切换设计。

任务三　校园室分设计

任务描述

本任务主要介绍校园室分设计。

任务目标

- 识记:点面结合室内外连续覆盖。
- 掌握:资源共享容量动态配置。
- 掌握:校园 WLAN 布置。

任务实施

一、点面结合室内外连续覆盖

大学校园需要覆盖的区域可分为室内区域和室外区域,如图 7-3-1 所示。大学校园的室外区域主要包括道路、广场、操场、室外运动区域和草地,一般面积较大,话务量相对较小。

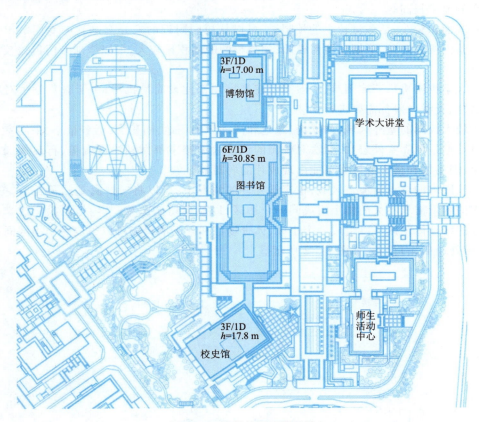

图 7-3-1 大学校园不同区域

大学校园通常都会有不同功能的建筑群,如宿舍楼、教学楼、行政楼、实验楼、食堂、图书馆和体育馆等。这些不同的功能区一般是校园话务量最为集中的地方。由于大学校园里,不同区域的建筑结构、建筑材料和墙体厚度差别较大,高度不同、面积各异,部分区域对外观要求高,安装位置协调困难,需要提供分层、分区域的差别化覆盖解决方案。

大学校园是学生比较集中的地方,话务发展趋势有如下特点:白天不忙,晚上忙;放假不忙,开学忙;教学不忙,宿舍忙。

大学校园里的话务流动有明显的规律:周一至周五白天,话务集中在教学楼和实验楼;早、中、晚饭时间,话务集中在食堂区域。在有重大活动期间,话务在大礼堂或者体育场馆中会有所增加。大学内学生宿舍楼夜间的话务量相当高,但工科院校和文科院校差别较大。工科院校的特点是女生不忙,男生忙;而文科院校则正好相反。学校的图书馆对语音业务通话有所制约,但对数据业务的需求量不算小。

大学校园的总话务需求量比较稳定,但话务分布不均匀,数据业务需求量大,不同的建筑内用户行为各不相同,区域之间话务流动有序。在容量设计时,需要考虑各区域峰值话务量的大小,考虑不同区域的话务流动性,实现容量的动态配置。

在大学校园,点面场景纵横交错、高低楼宇错落有致,要求室内外信号连续均匀。这就要求分场景、分区域地进行信源选择与天馈方案设计。

宏蜂窝基站容量大、覆盖范围广,非常适合广域面覆盖,但深度覆盖较为困难,对机房条件、传输配套的要求较高。

在一些面积较小、话务量较少的校园里,可以从校园附近的宏蜂窝基站中专门拿出一个扇区通过调整天线方向角、下倾角覆盖校园;如果校园的面积比较大,可以增加专门覆盖校园的宏蜂窝基站。

由于大学校园机房获取困难,一般需要在楼宇顶部建设简易机房;由于青年学生对辐射较为敏感,宏站天线一般都需要进行伪装。

对于较大校园的室外区域,如操场、绿地和活动休闲场地,面积大,话务量小,采用室外宏站覆盖即可。但是单靠室外宏站,无法对校园的诸多大型楼宇都做到深度覆盖,行政楼、教学楼、体育场馆、图书馆和宿舍区域很可能出现成片的弱覆盖区域。

对于校园内的热点弱覆盖区域,在容量允许的情况下,可以将宏蜂窝基站覆盖的室外区域和校园内的容量需求不大的楼宇组成同一个小区,以减少切换次数,节约信源投资成本。教学楼与附近的绿地休闲区可以组成一个小区,体育场馆和附近的操场可以组成一个小区同用一套BBU(基带处理单元)设备,如图7-3-2所示。

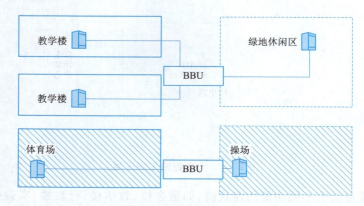

图7-3-2 室外区域和附近楼宇组成一个小区覆盖

在一些容量需求特别大的教学楼、行政楼、图书馆、体育场馆,可以考虑建设专门的室分系统,如图7-3-3所示。为了保证楼宇内的均匀覆盖,严格控制外泄,采用小功率、多天线的方式进行覆盖;为了支持多种无线制式的共存,需要选用宽频带的射频器件。

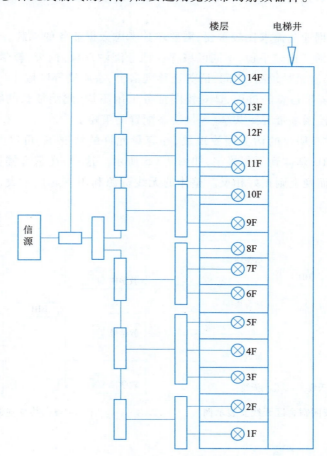

图 7-3-3　校园楼宇室分系统示例

校园内的宿舍区域建筑较密集、排列整齐有规律、话务量集中,用户的密度大,只靠室外宏站难以满足大容量的深度覆盖需求,而多数宿舍楼宇难以建设室分系统,覆盖特点类似生活小区,需要通过室分系统和室外分布系统结合的方式进行覆盖,天线需要进行美化或伪装。

宿舍楼比较低矮的时候,如8层以下,可以安装地面全向天线或定向天线进行覆盖,但由于宿舍楼的穿透损耗较大,单靠一侧的天线覆盖,很难满足深度覆盖要求,这就需要在宿舍楼两侧分别安装多个天线进行精细化覆盖,如图7-3-4所示。

宿舍楼高于8层的时候,可以采用壁挂天线和地面天线相结合的方式,地面分布式天线覆盖地面和楼宇下层;壁挂天线挂于建筑的中上部,覆盖楼宇中高层,合理利用宿舍楼宇的阻挡来控制干扰。

二、资源共享容量动态配置

如前所述,容量规划的主要目的是考虑用户行为、业务特点计算所需的无线资源数目。校园内的资源配置计算也是如此,只不过在校园内进行容量规划时,需要注意以下特点:

(1)校园的不同子场景话务模型不一样,必要时需要区别对待。

（2）宿舍区域是话务量最集中的地方，话务峰值出现在晚上 9 点以后，宿舍区域的话务需求需要重点对待。

（3）校园里的数据业务需求比较重要，需要单独考虑数据业务的承载。

（4）校园的总体话务比较平稳，不同区域存在话务潮汐现象：白天，教学楼、行政楼、图书馆和体育场等区域话务量相对较高；夜间，话务迁移到宿舍、家属楼等区域。

这里，不再重复容量估算的过程，针对校园话务忙闲不均、此消彼长的特点，为了提高资源利用效率，下面介绍校园基带资源共享、容量动态配置的策略。

教学楼和宿舍楼有明显的话务潮汐现象，在容量允许的情况下，可以共用同一个 BBU，共享基带资源，通过 RRU 延伸到不同楼宇，如图 7-3-5 所示。这样，在宿舍楼话务较少的白天，教学楼话务需求较大；而晚上则正好相反。整体的无线资源利用率起伏不大，出现超忙小区和超闲小区的概率较低。

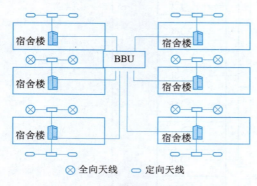

图 7-3-4　校园宿舍区天线安装示例

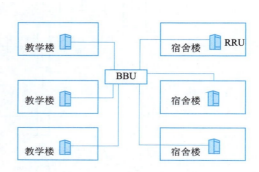

图 7-3-5　共享基带资源

三、校园 WLAN 的布置

校园场景是 WLAN 的典型使用场景。WLAN 有投资少，建网快，适应低速移动和大流量需求的特点。校园里学生用户通常是大流量、低 ARPU 值用户，不存在移动速度过快的用户，为了迅速满足无线数据业务需求的增长，可以利用 WLAN 布置无线校园网。

WLAN 的 AP 使用方式有以下 3 种：

（1）在靠近天线端与已有的室分系统合路。这种方式适合已经建设室分的宿舍区、招待所、教学区、行政区和图书馆等子场景。天线一般安放在楼道或天花板中间。在宿舍楼、招待所，一般使用小增益天线，安装密度大一些，间隔 10 m 放置一个天线；而在教学楼、图书馆，由于房屋空间较大，可以选用增益大一点的天线，天线口功率可以略大一些，这样天线的安装间距可以增大到 30 m；在学校的体育场、会议中心，中央空间更大，天线口功率可以设置得再大一些，这样天线的安装间距可以增大到 80 m。

（2）直接安装室内放装型 AP 在大型场馆、展厅和地下车库的墙壁上，适合直接挂装室内放装型 AP，这样可以方便、快捷地完成 WLAN 的覆盖。

（3）与室外天馈系统合路。可以使用楼顶抱杆、楼宇墙壁挂装 AP，将信号合入室外型天线，可以对校园的室外区域和楼体结构简单的室内区域进行覆盖。

以上几种 WLAN 在校园内的布置方式见表 7-3-1。

项目七 多场景室分设计

表 7-3-1 WLAN 在校园内的布置方式

AP 布置方式	与室分系统合路	安装室内放装型 AP	与室外天馈系统合路
校园子场景	宿舍区、招待所、教学区、行政区、图书馆	体育场馆、展厅、地下车库	操场、绿地
布放位置	弱电井、楼道墙壁	天花板、墙壁	楼顶抱杆、电线杆和室外墙壁
单个 AP 覆盖面积/m²	100～200	600～800	>2 000
天线安装间隔/m	10～30	50～100	>100
每个 AP 的天线数目/个	6～10	4～6	>10

任务小结

本任务主要学习校园室分设计,讲述了校园室分系统采用点面结合室内外连续覆盖,来实现校园 WLAN 的布置。

任务四 商场与交通枢纽室内设计

任务描述

本任务主要介绍商场类型建筑与机场、车站等交通枢纽室内分布系统的规划和设计。

任务目标

- 识记:机场、车站室内设计。
- 掌握:商场、超市和购物中心室内设计。
- 掌握:地铁室内设计。

任务实施

一、机场、车站室内设计

机场、车站通常是全钢骨架、玻璃幕墙的建筑结构,等候区内房屋举架高、面积大、基本无阻挡,信号属于视距传输。机场和车站的覆盖面积一般在 10 000～50 000 m²。

机场、车站为峰值容量受限场景,有以下话务特点:

(1)话务峰值在节假日开始和结束的几天内,所以容量估算时要以节假日的话务峰值为计算参考。

(2)在候车厅、商务区、媒体区数据业务需求量较大,需要重点考虑。

141

(3) 漫游用户比例较高,在容量设计时需考虑一定的漫游话务。

大型火车站的重点覆盖区域为售票大厅、候车大厅、火车停靠站、广场、地下车库和商场;机场的重点覆盖区域为候机大厅、商务区等。覆盖估算的时候需要考虑火车或飞机的穿透损耗,以保证火车或飞机停靠的地方通话畅通。

值得注意的是,机场对抑制电磁干扰的要求非常严格,对射频器件的隔离度指标、信号泄露指标和发射功率等指标有非常严格的规定,选用射频器件时应该注意。

二、商场、超市和购物中心室内设计

商场、超市和购物中心通常由面积较大的数个楼层组成,有相当面积的地下停车场。一般都有空旷的中央大厅,隔墙阻挡较少,总面积常在 20 000 m² 以上,一般为覆盖受限场景。

这样的场景主要以语音业务为主,高峰时段一般出现在晚上或节假日,高端数据业务需求较少。这里不是数据业务话务流量的竞争,而是覆盖质量的竞争,初期建设时可以选用较低的载波配置。

商场、超市和购物中心的人员流动性较大,一般切换方面的问题较多。切换问题一般常发生在门口、电梯口等区域,室内外干扰问题常发生在这些场景附近的街道上。

为了保证进入室内前完成切换,一般会考虑在出入口、电梯口位置安装一个天线。如果商场、超市和购物中心处于临街位置,要避免室内小区在街道上形成固定的切换区域,导致街道上往来用户切换频繁,降低网络性能,进而影响用户感受。

商场、超市和购物中心如果是大型玻璃幕墙,隔墙损耗较少,要避免室内信号泄露在室外道路上。尤其在一些大型商场,有观景电梯,这里如果有专门的信号覆盖,很容易泄露在室外,给室外区域造成干扰。需要通过在室分系统中增加衰减器或降低天线口功率来抑制信号泄露。

三、地铁室内设计

地铁场景包括出入通道、站台和线性隧道等几个子场景,"一条线、几个点"形象地说明了地铁场景的覆盖要点:"点、线"结合。地铁覆盖需要站台的"点"和隧道的"线"分别设计、有机结合。这里重点介绍地铁覆盖的方式,隧道场景可以看作是地铁场景的一部分,无须专门介绍。

1. 站台和隧道的覆盖、容量设计

一般的站台较为空旷,乘客在站台上使用手机,无须考虑车厢损耗,但需要考虑出入通道的上下楼梯和站台的覆盖连续,可以采用分布式全向吸顶天线进行覆盖,如图7-4-1所示。

地铁隧道是一个线性、狭长的覆盖范围,无线信号传输到用户终端要经过车体的穿透损耗,一般为 10~25 dB,这一点和站台的覆盖设计不同。

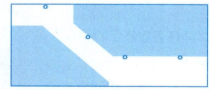

图 7-4-1 地铁站台天线挂点示意图

有一些地铁隧道比较短,而且比较直,覆盖要求低、容量需求小,可以使用两个高增益的定向天线对打来覆盖,如图7-4-2所示。这样材料、施工的成本都可以比使用泄漏电缆节约。

但大多数的地铁隧道都比较长,地铁站间距在 5 km 左右,而且蜿蜒盘曲,非视距可达。在这种场景下,泄漏电缆仍是首选,如图7-4-3所示。虽然成本比常用的天线分布方案高,但对于地铁这种使用率高、人流量大的场景来说,是非常值得的。

图 7-4-2　隧道定向天线对打方式

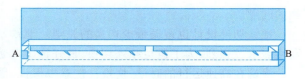
图 7-4-3　地铁隧道的泄露电缆覆盖方式

如果地铁隧道长度较长，在信号传输过程中，泄漏电缆的损耗不可忽略，为了减少损耗，尽量选择直径比较粗的泄漏电缆。但这样会增加线缆成本和施工成本。

对于较长的隧道，可以将泄漏电缆进行分段，一个 RRU 连接两段泄漏电缆。显然，隧道越长，需要的泄漏电缆就越长，所需的 RRU 数目也越多。

每个 RRU 能够携带多长的泄漏电缆呢？这和不同选型泄漏电缆的损耗及泄露点所需的信号功率有很大的关系，不同的无线制式差别较大，需要根据不同情况具体计算。按照每段泄漏电缆设计长度为 300～500 m 来考虑，一个 RRU 可以带 600～1 000 m 的泄漏电缆，那么 RRU 需要的数目就是隧道长度和两段泄漏电缆长度的比值。

地铁的话务高峰在上下班时间，在设计时，要考虑地铁的峰值话务情况，要求既能满足高峰期话务需求，又能降低运营成本。在面积较小，话务量较低的站台上，站台和地铁隧道的部分可以共用同一个 RRU，规划为一个小区；但在面积较大，话务需求较大的站台上，单个 RRU 不能满足容量需求，需要考虑站台和隧道分别采用独立的 RRU 覆盖。地铁在夜间的话务量较低，最好采用有智能关电技术的信源设备，以达到节能减排的环保目标。

2. 地铁的统一 POI 系统

为了方便施工、维护及管理，通常由地铁运营公司建设隧道的共泄漏电缆分布系统，来满足多个运营商、多种无线制式的信号接入。这就是地铁系统中常用的 POI（Point Of Interface）系统，如图 7-4-4 所示。

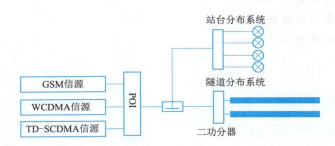

图 7-4-4　地铁中常用的 POI 系统

地铁运营公司的 POI 系统通常分上行接入和下行接入两种接入点，适合上下行工作频率不同的 FDD 系统，如 GSM、WCDMA。由于 TD-SCDMA、TD-LTE 制式采用了 TDD 技术，上下行工作在相同的频率上，所以在接入上下行分开的 POI 系统时，只需接入下行 POI 系统便可。

当然，在实际工程中，信号覆盖方式取决于建网成本，以及运营商和地铁运营公司的物业准入协议的具体内容，可以选择接入统一的 POI 系统，也可以考虑不接入 POI 系统而单独建设一套地铁分布系统。

3. 地铁的切换设计

地铁隧道相对于室外宏站的无线环境来说，较为封闭，干扰主要来自小区内部和前后邻区，较易控制。但是用户密度大的时候，如何保证多用户同时切换的成功率，是地铁覆盖中经常面临的问题。

地铁切换设计也遵循最少切换的原则。地铁站台是连接两条隧道的地点,来往乘客较多,通话需求较强烈,为了避免频繁切换,最好将出入通道、站台设置为同一个小区。

终端在高速运行的时候,切换性能难以保证,因此地铁的切换区域不能设置在站台中间的高速运行区域。

既然站台上不能设置切换区域,高速运行区域也不能设置切换区域,那么地铁的切换区域只好设置在列车启动离站或减速进站的地方,在非站台区域低速运行时完成切换。

任务小结

本任务主要学习商场与交通枢纽室内设计,涉及三大类场景:机场、车站室内设计,商场、超市室内设计,地铁室内设计。

任务五 中兴 LTE 室分覆盖设备

任务描述

本任务主要介绍中兴 LTE 室分覆盖中不同场景所使用的不同设备。

任务目标

- 识记:不同型号设备电气性能。
- 掌握:各种设备适用的覆盖场景。
- 掌握:微小设备应用场景示例。

任务实施

一、室外覆盖室内方式设备选型

在室外覆盖室内的多种场景中,中兴提供了多种分别用于不同用途和特点的设备,具体如图 7-5-1 所示。

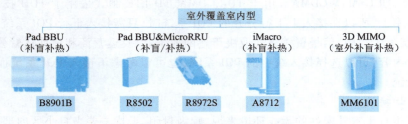

图 7-5-1 室外覆盖室内设备型号

1. Pad BBU

Pad BBU 可配合 Pad RRU,适合宏站补盲、热点覆盖场景,可并架安装。适合站点难以获取及条件恶劣区域,Pad BBU 支持室外安装,质量仅 8 kg,支持 6×8 通道 20 Mbit/s 带宽的小区或 12×2 通道 20 Mbit/s 带宽的小区。

2. Pad RRU &MicroRRU

Pad RRU 集成天线和射频单元,体积、质量仅为 4 L、4 kg,支持 2*2 MIMO,功率为 2×10 W。

3. iMacro

iMacro 自带美化安装,适合进行宏站补盲、补热及室外覆盖室内场景。iMacro 集成射频单元、天线与美化,重量仅 13 kg,宏站功率级别,支持小区合并。

4. 3D MIMO

MM6101 适用于室外热点场景、车站广场、热点商圈、高层热点区域,MM6101 采用先进一体化设计,128 通道天线有效提升小区整体吞吐量,达到 2~4 倍能力的提升。此设备支持 3D MIMO。

二、室内覆盖设备选型

对于室内场景的覆盖可以选取的设备及型号如图 7-5-2 所示。

图 7-5-2　室内覆盖可选设备

1. 双模单通道

双模单通道设备适合 LTE 的 SISO(single input single output,单输入单输出系统)部署,具备 TDL&TDS 双模,是高功率 RRU,适用于快速部署及建网。

2. 双通道

双通道设备频段丰富,适合各种频段,用于部署 MIMO 系统,单 RRU 满足国内频段扩展及室内分布系统需求。

3. Qcell

Qcell 设备适合中大规模室内覆盖等场景,隐蔽性强,比 DAS 易于入场安装,比 DAS 更易于管控。

4. Nano Cell

Nano Cell 设备适合室内小型办公场所、家庭覆盖等场景,具有自管理、自优化、体积小、重量轻的特点,支持公网接入,具备自启动功能。

三、中兴微小设备应用场景示例

1. 一体化微 RRU——R8972S

(1)深度覆盖站设备选型——R8972S 的特点如下:

①FA 双频段双通道 MicroRRU,F 频段支持 TDS/TDL 双模应用;

②天线一体化;
③主要应用于 FA 频段深度覆盖的补盲、补热;
④支持小区合并。
(2) R8972S 设备具体工作参数见表 7-5-1。

表 7-5-1 R8972S 工作参数

参 数 名 称	参 数 值
工作频段	F、A
输出功率	2×10 W
体积(尺寸)	8 L(412 mm×215 mm×90 mm)
质量	7 kg
供电方式	DC -48 V/AC 220 V

(3) R8972S 设备覆盖场景示例如图 7-5-3 所示。

图 7-5-3 R8972S 设备覆盖场景示例

2. 一体化微站——BS8922
(1) BS8922 设备特点如下:
①BS8922 在体积上更小,重量上更轻,有利于工程施工,更容易实现伪装;
②BS8922 支持双载波及载波聚合,在容量规划上更加灵活,能更好地满足补热场景需求;
③BS8922 水平调节范围为 -30°~ +30°;垂直调节范围为 -20°~ +20°,能更好地满足灵活覆盖要求。
(2) BS8922 工作参数见表 7-5-2。

表 7-5-2 BS8922 工作参数

参数名称	参 数 值	天线参数名称	参 数 值
工作频段	2 575~2 635 MHz	天线工作频段	2 575~2 635 MHz
工作带宽	60 Mbit/s	天线增益	≥12 dBi
支持容量	2×20 MHz	极化方式	±45°
输出功率	2×5 W	水平波束宽度	65°±10°
体积(尺寸)	<7 L(308 mm×268 mm×82 mm)	垂直波束宽度	30°
重量(kg)	<8 kg	天线下倾角	6°±3°
接口	1 个 GE 电口、2 个 GE 光口	最大输入功率	150 W

续表

参数名称	参 数 值	天线参数名称	参 数 值
防护等级	IP66	尺寸(长、宽、高)	290 mm×268 mm×25 mm
供电方式	220 V AC/−48 V DC	天线净重	1.2 kg
设备尺寸	308 mm×268 mm×82 mm	工作温度	−40~+75 ℃
支持天线方式	一体化天线/外接美化天线	最大承受风速	200 km/h

(3)一体化微站——BS8922 使用场景：

①密集居民区：周围宏站信号不易向里渗透，存在覆盖慢点；

②商业区域：高档商业区域内、高楼林立区域内道路覆盖比较差；

③沿街商铺：通常位于建筑物底层，受周边物业阻挡，覆盖不足；

④BRT 沿线：周围宏站覆盖不足，同时 BRT 线属于高话务热点区域。

3．深度覆盖利器——Pad 解决方案

(1)Pad 解决方案特点如下：

①最简站点方案，业界最小室外 BBU；

②无须机房，零占地；

③安装简单，可实现快速部署；

④体积小，重量轻，便于伪装与美化；

⑤PadRRU 可与 PadBBU 一起构成完整的微蜂窝覆盖解决方案。

(2)Pad 设备工作参数见表 7-5-3。

表 7-5-3　Pad 设备工作参数

Pad BBU 参数名称	参 数 值	Pad RRU 参数名称	参 数 值
体积	<8 L(400 mm×260 mm×78 mm)	体积	<4 L(300 mm×212 mm×69.5 mm)
重量	<8 kg	重量	<4 kg
输出功率	<100 W	输出功率	2×10 W
容量	12 个 20 Mbit/s 2 天线 或 6 个 20 Mbit/s 8 天线	容量	3×20 Mbit/s(D 频段)、 2×20 Mbit/s(E 频段)
接口	S1　GE×2；IR 10GE×6	天线增益	10 dBi
同步方式	GPS/1588V2(带内)	天线可调	水平±30°、垂直±20°
防护等级	IP65	防护等级	IP65

(3)Pad 设备应用场景示例如图 7-5-4 所示。

4．深度覆盖利器——iMacro A8712

(1)iMacro A8712 具体特点如下：

①共 90 W 的宏站级输出功率；

②内置 FAD 高增益电调天线；

③支持两模 TDS/TDL；

④0 站址，解决站址问题；

⑤此设备适用于街道站、灯杆站等微蜂窝站点；

⑥支持小区合并，灵活组网。

图 7-5-4　室内覆盖可选设备

（2）A8712 设备具体工作参数见表 7-5-4。

表 7-5-4　A8712 设备工作参数

A8712 参数名称	参 数 值
工作频段	1 885～1 915 MHz 2 010～2 025 MHz 2 575～2 635 MHz
工作带宽	（30＋15＋60）Mbit/s
支持制式	FA：20 Mbit/s＋12CS D：3×20 Mbit/s
输出功率	FA：2×15 W D：2×30 W
体积	＜15 L
重量	＜15 kg
IR 光口	2×10 Gbit/s
防护等级	IP66
供电方式	－220 V AC（交流）
天线方式	内置
天线增益	15 dBi

（3）iMacro A8712 设备应用场景

由于 iMacro A8712 设备设计小巧，所以适合绝大多数环境友好，能够实现挂墙抱杆安装的场地，满足各种街道站和灯杆站覆盖场景。

5．分布式皮基站——Qcell 2.0

（1）Qcell 的诞生及发展

①传统室内分布系统结局方案 MAU（多制式接入单元）

MAU 实现异厂家 GSM 射频信号接入或输出，转换为 IQ（一种正交模拟信号）信号，与从自有 BBU 或 P-bridge 传输过来的 IQ 数据进行合路或分路,从而实现异厂家信源室内覆盖。如图 7-5-5 中有 GSM Sites 部分,这部分是通过馈线传输信号的。

② 中兴创新解决方案 Qcell

中兴的 Qcell 解决方案通过 MAU 连接 P-Bridge 再连接 pRRU 构成,如图 7-5-5 右侧部分。其中 P-Bridge 负责光电转换和给 pRRU 进行供电。pRRU 负责射频信号发射。另外,随着 Qcell 的发展,Qcell2.0 设备组网中 MAU 作为可选单元功能有所增强,如果组网中不使用 MAU 时,P-Bridge 可以直接连接 BBU 使用。

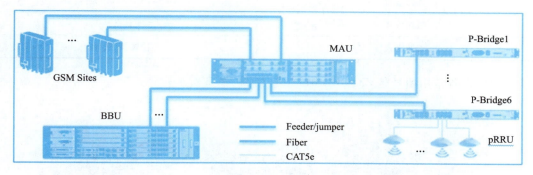

图 7-5-5　Qcell 组网图

(2) Qcell 2.0 产品特点

三频 PicoRRU(即 pRRU),外观如图 7-5-6 所示。

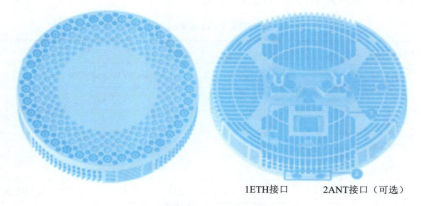

图 7-5-6　PicoRRU 设备图片

PicoRRU 的具体工作参数见表 7-5-5。

表 7-5-5　**PicoRRU 设备工作参数**

PicoRRU 工作参数	参　　数
频段	三频
容量	TDS:6CS TDL:2×20 MHz 1.8 G 8 个 GSM 载波
输出功率	2×125 mW

续表

PicoRRU 工作参数	参　　数
体积	1.8 L
重量	1.8 kg
典型功耗	<25 W
供电	POE
外部接口	1 个 2.5Gbit/s 以太网口
散热方式	自然散热
安装方式	挂墙、吸顶等

P-bridge 设备常用型号是 ZXSDR PB1120A，如图 7-5-7 所示。

图 7-5-7　ZXSDR PB1120A 设备图片

ZXSDR PB1120A 的具体工作参数见表 7-5-6。

表 7-5-6　ZXSDR PB1120A 设备工作参数

ZXSDR PB1120A 参数名称	参　数　值
设备尺寸	66 mm×410 mm×306 mm
重量	7 kg
体积	8 L
供电方式	100 V AC～220 V AC
功耗	70 W(不含 POE 对外供电)
接口	4 个 SFP 光口(4 级级联)，8 个 RJ-45(支持 POE 供电)
散热方式	被动机壳散热
防护等级	IP41

（3）Qcell 产品应用场景

Qcell 产品三频 PicoRRU 体积小，安装施工方便，主要应用于室内深度覆盖场景，如在用户密集、容量需求高的大型酒店、高层写字楼等场景。

6．一体化皮基站——Nanocell BS8102

（1）Nanocell BS8102 应用场景。

产品设计尺寸小、设计简洁、易安装，适合小型的家庭办公楼、酒店、中小规模商业楼宇，具体应用场景见表 7-5-7。

表 7-5-7　Nanocell BS8102 应用场景

场景大小	典型场景	备注
≤10^3 m²	营业厅、小超市、咖啡厅、小车库等	此类场景，Nanocell 具备快速安装，灵活部署的特点
10^3~10^4 m²	超市、酒店、医院、住宅楼、学校宿舍楼、企事业办公区、重要会议保障等	根据外场测试，Nanocell 能够规模组网部署，在性能保障的前提下，满足 10^4 m² 左右的场景覆盖要求

（2）Nanocell BS8102 部署方案。

供电支持通过外置交流适配器交流供电。如果无交流供电，也可以用 POE++供电。如果交换机已经支持 POE++输出功率满足 NC（网络控制器）要求，可以直接供电。如果交换机不支持 POE++，也可以采用外置 PSE 模块，提供外置 POE++供电方案。

①传输资源。支持通过 PTN 传输，此时可以采用直连方案，支持业务和 OAM 共用 IP/VLAN，或者独立的 IP/VLAN。如果一个场所部署多个 NC，可能需要新增汇聚交换机。支持通过 PON 或者第三方传输，此时一般需要配置 SeGW（安全网关），此时业务和 OAM 必须共用 IP。

②时钟资源。Nanocell 的时钟同步技术可以单独采用一种作为单个 AP（接入点，这里指 pRRU）的同步方案。也可以和其他设备配套使用，作为组合方案。每个 AP 配三种：RGPS、IEEE1588v2 和 NWL（空口同步）。推荐使用 RGPS（RGPS 同步是利用 GPS 拉远来获取时间和时钟信息）方案，RGPS 安装在室内靠窗位置，通过双绞线连接到 AP，双绞线的拉远距离小于 50 m；相比内置 GPS 方案，优点是 AP 的安装位置不受限制，可以不局限在窗口。

（3）Nanocell BS8102 的优势。

①快速部署、独立成站、成本低；

②可利用公共 IP 网络回传；

③适合异频组网，便于干扰控制和协调；

④支持本地和远程操作维护。

Nanocell BS8102 具体工作参数见表 7-5-8。

表 7-5-8　Nanocell BS8102 工作参数

BS8102 参数名称	参数值
工作频段	2 320~2 370 MHz
工作容量	1×20 MHz
发射功率	2×125 mW
体积	<2 L(240 mm×165 mm×50 mm)
重量	<2 kg
典型功耗	<30 W
接口	2FE/GE 电
供电方式	220 V AC

※ 思考与练习

一、填空题

1. 机场、车站等候区内房屋举架高、面积大、基本无阻挡，信号属于_____传输。
2. 大型火车站的重点覆盖区域为_____、_____、_____、_____、_____和商场。
3. 机场的重点覆盖区域为_____、_____等。
4. 由于机场、车站的峰值话务量较大，可以考虑较大的站型配置，并配置专门的_____。
5. 地铁场景包括_____、_____和_____等几个子场景。
6. 在地铁场景中，出入通道的上下楼梯和站台的覆盖连续，可以采用_____进行覆盖。
7. 有一些地铁隧道比较短，而且比较直，覆盖要求低、容量需求小，可以使用两个高增益的_____来覆盖。
8. 对于较长的隧道，_____是首选，可以将其进行分段，用一个 RRU 进行连接。
9. 为了方便施工、维护及管理，通常由地铁运营公司建设隧道的_____，来满足多个运营商、多种无线制式的信号接入。
10. 地铁运营公司的 POI 系统通常分_____和_____两种接入点。
11. 地铁隧道相对于室外宏站的无线环境来说，较为封闭，干扰主要来自_____和_____，较易控制。
12. 地铁的切换区域最好设置在_____的地方。

二、选择题

1. 在酒店和写字楼的走廊区域，可以考虑每隔 15～20 m 安装一个（　　），以保证信号强度能够克服一堵墙的损耗。
   A. 板状天线　　　　B. 八木天线　　　　C. 吸顶天线　　　　D. 壁挂天线
2. 以下关于地铁室内设计的说法错误的是（　　）。
   A. 出入通道的上下楼梯和站台的覆盖连续，可以采用分布式全向吸顶天线进行覆盖
   B. 有一些地铁隧道较短且直，覆盖要求低、容量需求小，可以使用两个高增益的全向天线对打来覆盖
   C. 地铁在夜间的话务量较低，最好采用有智能关电技术的信源设备
   D. 对于较长的隧道，可以将泄漏电缆进行分段，一个 RRU 连接两段泄漏电缆
3. 在宿舍楼、招待所，一般使用小增益天线，安装密度大一些，间隔（　　）m 放置一个天线。
   A. 5　　　　　　　B. 10　　　　　　C. 15　　　　　　D. 20

三、判断题（正确用 Y 表示，错误用 N 表示）

1. （　　）机场、车站的漫游用户比例较高，在容量设计时需考虑一定的漫游话务。
2. （　　）商场、超市和购物中心场景主要以语音业务为主，高峰时段一般出现在晚上或节假日，高端数据业务需求较多。
3. （　　）地铁覆盖需要站台的"点"和隧道的"线"分别设计、有机结合。
4. （　　）地铁隧道是一个线性、狭长的覆盖范围，无线信号传输到用户终端要经过车体的

穿透损耗,一般为 10~25 dB。

5.(   )如果地铁隧道长度较长,在信号传输过程中,泄漏电缆的损耗不可忽略,为了减少损耗,尽量选择直径比较细的泄漏电缆。

6.(   )地铁的切换区域不能设置在站台中间的高速运行区域。

四、简答题

1. 机场、车站为峰值容量受限场景,其有哪些话务特点?

2. 大型场馆的覆盖关键点是解决"人多势众"的问题,"人多势众"是指什么?如何解决此问题?

3. 简述地铁统一 POI 系统的组成和工程中网络接入 POI 的注意事项。

4. 大学校园的话务有何特点?应该如何进行容量规划?

5. 在校园内进行容量规划时需要注意哪些特点?

项目八

5G 室分工程

任务一 学习 5G 室分业务需求

任务描述

本任务主要根据 5G 网络的特点分析 5G 网络发展建设之后对室分业务需求情况和室内业务的特点。

任务目标

- 识记:5G 业务场景。
- 掌握:5G 室分业务需求。
- 掌握:室内 5G 业务对网络的需求。

任务实施

5G 网络提供人与人、人与机器、机器与机器之间的通信能力,支持移动互联网和物联网的多种业务应用。5G 网络采用全新的网络架构和技术,适应不同场景下灵活多样的业务需求,如超宽带、超低时延、海量连接、超高可靠性。以业务需求为基础,灵活高效地提供最佳的用户体验,是 5G 网络设计的目标。

统计表明,4G 移动网络中有超过 80% 的业务发生在室内。伴随着 5G 业务种类的持续增加、行业边界的不断扩展,业界预测未来更多的移动业务将发生在室内。因此,5G 时代的室内移动网络至关重要,将成为运营商的核心竞争力之一。

与 4G 相比,5G 主流业务将承载在更高的频段(C-Band 及毫米波频段)上。频段越高,空中传播与建筑物穿透损耗越大,室外网络覆盖室内越困难,室内业务将需要由独立的室内网络来承载。

为了满足最佳用户体验、高效运维、智能运营的要求,5G 时代必须建设一张数字化的室内网络,并具备灵活扩展、可视可管、可运营的能力,才能支撑超宽带、大连接、超低时延、室内定位等丰富的室内 5G 业务。

一、5G 三大业务类型

随着人们对 5G 研究的不断深入,全球移动通信行业逐步就 5G 应用的场景达成了共识。ITU-R(国际电信联盟无线电通信组)定义了 5G 应用的三大业务类型,如图 8-1-1 所示。

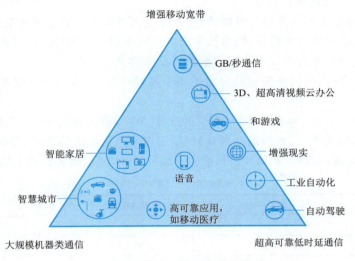

图 8-1-1 5G 应用的三大业务类型

增强型移动宽带(Enhanced Mobile Broadband,eMBB)、超高可靠低时延通信(Ultra-Reliable and Low-Latency Communications,URLLC)和大规模机器类通信(Massive Machine Type Communications,mMTC)。

二、室内 5G 业务及特征

全球移动通信系统协会(Global System for Mobile Communications Association,GSMA)认为 5G 网络将是移动互联网和物联网的重要载体,5G 将为人们带来更智能、更丰富的业务应用。5G 技术将广泛用于智慧家庭、远程医疗、远程教育、工业制造和物联网领域,具体包括千兆级移动宽带数据接入、3D 视频、高清视频、云服务、增强现实(AR)、虚拟现实(VR)、工业制造自动化、紧急救援、自动驾驶、现代物流等典型业务应用。其中,高清视频、AR、VR、远程医疗、工业制造自动化、现代物流管理等主要发生在建筑物室内场景。

三、室内 5G 业务对网络的需求

1. 流量需求持续增长

移动互联网高速发展带来了流量需求的持续爆发性增长。新业务层出不穷,网络高清视频、小视频应用、物联网、AR/VR 等应用的兴起,对网络流量及带宽提出巨大的需求。2013 年至 2018 年六年之间,移动互联网流量增长超过了 50 倍。而我国"互联网 +"国家战略明确指出,未来电信基础设施和信息服务要在国民经济中下沉,满足农业、医疗、金融、交通、流通、制造、教育、生活服务、公共服务、教育和能源等垂直行业的信息化需求,改变传统行业,促生跨界创新。

2. 室内流量占比将超 80%,室内应用需求激增

伴随 5G 业务种类持续增多和行业边界不断扩展,新增各种应用需求包括智能家居、智慧

城市、AR/VR、自动驾驶、远程医疗、工业自动化、游戏云应用、高可靠应用、超高清视频等。统计表明,目前超过80%的业务发生在室内场景。越来越多的业务发生在室内,例如无线工厂,触觉互联网,移动 AR/VR,同步视频等。业界预测未来 5G 超过 80% 的移动业务将发生在室内场景,因此运营商室内移动网络能力至关重要。

3. 室内 5G 业务对网络的需求

网络技术本身在不断地演进与发展,行业业务应用与需求也随着网络技术的发展而愈加明晰,如基于技术进步下的工业物联,网络技术发展与行业业务应用特点两方面彼此相互促进、相辅相成,两者的结合日渐成为技术研究的重点与行业的关注焦点。

在业务层面,5G 室内网络演进凸显出了两个关键性要素:室内网络宽带化演进;室内网络低时延化演进。

从表 8-1-1 可以看出,为了满足 5G 新生的业务,5G 需要具备比 4G 更高的性能,支持 0.1 ~ 1 Gbit/s 的用户体验速率,毫秒级的端到端时延,室内定位精度达到米级。同时,5G 还需要大幅提高网络部署和运营的效率,相比 4G,频谱效率提升 5 ~ 15 倍,能效和成本效率提升百倍以上。

表 8-1-1 不同的 5G 业务应用对网络的不同指标需求

业务类型	子类型	传输速率	E2E 时延	可靠性
360 度视频 VR	入门级	93 Mbit/s	<10 ms	中
	高级	419 Mbit/s		
Cloud VR	入门级	100 ~ 150 Mbit/s	<10 ms	较高
	终极	4.7 Gbit/s		
超高清视频全景直播	1080P	6 Mbit/s	10 ~ 50 ms	中
	2K 视频	6 Mbit/s		
	8K 视频和云游戏	10 Mbit/s		
无线医疗	远程内窥镜 360 度 4K + 触觉反馈	50 Mbit/s	<5 ms	高
	远程超声波 AI 视觉辅助,触觉反馈	23 Mbit/s	<10 ms	高
智能制造	无线工业相机	1 ~ 10 Gbit/s	<100 ms	高
	工业穿戴设备	1 Gbit/s		

任务小结

本任务主要学习 5G 的三大业务场景、5G 的业务类型以及 5G 业务对 5G 室分网的要求。

任务二 认识 5G 室分面临的挑战

任务描述

本任务主要介绍 5G 室分建设所要面临的几个主要问题。

任务目标

- 掌握:5G 室分建设将面临的挑战。
- 掌握:网络共存及新业务发展要求。
- 了解:5G 室分投资。

任务实施

5G 时代,室内是主要应用场景,业务占比预计达 80% 以上,室分重要性更加凸显,规模会显著增加。

一、高频组网带来室内深度覆盖难

1. 高频组网传播损耗与穿透损耗大,室外覆盖室内难

ITU-R 建议采用 Sub 6G、微波频段部署 5G 网络,高频段的频谱资源可以提供较宽的带宽。Sub 6G(如 3.5 GHz、4.9 GHz)和毫米波等不同的频段,其覆盖能力差异较大。按照电波传播规律,频率越高,空中传播损耗越大,墙体或玻璃的穿透损耗也越大,室外覆盖室内将变得更加困难。在韩国和中国对 5G 网络进行了现场测试,测试结果汇总见表 8-2-1。

表 8-2-1 不同频段室外覆盖室内综合损耗差

频段/GHz	综合损耗/dB
1.8	-9.9
3.5	基准

从表 8-2-1 看来,电波在 3.5 GHz 频段的传播损耗和穿透损耗均较大,相比 1.8 GHz 频段,其综合损耗大 10.6 dB 左右。4.9 GHz 频段与 1.8 GHz 频段综合损耗差更大。因此,3.5 GHz 或 4.9 GHz 相对于 1.8 GHz 频段来说,室外覆盖室内更困难。进一步考虑到建筑物内部各种隔墙阻挡,高频覆盖室内深处的效果将更差。

因此,相对于 Sub 3G 频段,更多的建筑物需要单独新建一张 3.5 GHz 或 4.9 GHz 频段的 5G 网络。

2. 无源分布式天线系统演进难、综合损耗大、互调干扰大

无源分布式天线系统由功分器、耦合器、馈线、吸顶天线等组成。目前已建的无源分布式天线系统不支持 5G 频段,系统改造面临技术不可行、难实施、成本高等巨大的挑战。

首先,无源分布式天线系统的单部件(功分器、耦合器、吸顶天线)仅支持 Sub3G(698~2 700 MHz)频段。多组抽样测试结果表明,Sub3G 器件在 3.5 GHz 频段的关键性能指标(如插损、耦合度、驻波比)无法满足要求。因此,现网无源分布式天线系统的单部件无法支持 3.5 GHz 频段;更无法支持 4.9 GHz 及毫米波频段。馈线虽然可以传输 3.5 GHz 信号,但损耗会比 Sub3G 高。

其次,5G 采用高频段组网,3.5 GHz 的综合损耗(含无源分布式天线系统传输损耗、空中损耗、隔墙穿透损耗)比 Sub3G 大。实际测试结果见表 8-2-2。

表 8-2-2　不同频段室内网络综合损耗差

频段/GHz	综合损耗/dB
1.8	-9.9
3.5	基准

从表 8-2-2 可以看出,3.5 GHz 比 1.8 GHz 的综合损耗高 9.9 dB。基于 4G 网络叠加改造 5G,网络覆盖将会有较大程度的恶化;新建 5G 无源分布式天线系统,也将面临损耗大、成本高的问题。

另外,5G 与 2/3/4G 网络共存,无源分布式天线系统互调干扰更加复杂。同时考虑到实际的 5G 信源功率会更大、频段更宽,互调干扰更大。

因此,无源分布式天线系统,不论是新建还是改造,都难以支持 3.5 GHz 或 4.9 GHz 频段的 5G 网络。

还有就是,4＊4 MIMO 工程建设难度高,1T1R/2T2R 升级到 4T4R 工程实施难度大,因为 4 路 DAS 需要部署 4 根馈线、4 套器件和天线,工程无法落地,另外,还会导致链路不平衡,引起性能问题。目前,全球存量市场上有 90% 以上的室内网络是 DAS,室内网络演进面临着非常严峻的挑战。

二、多样化的业务要求

大型场馆、演艺场所、剧场等人群密集场所,特点是突发性发生人群汇聚,业务量随时间变化十分剧烈;交通枢纽、商业中心等热点区域冷热变换;工业园区、写字楼和创业园场景,各类公司需要借助运营商 5G 网络实现企业办公或商业活动,局部楼宇或区域出现爆发性容量需求。因此,5G 多样化的业务给网络容量带来更大的挑战,需要建设一张具有弹性容量的网络,以满足业务随时间和区域变化的需求,应对突发流量的冲击。

为了满足企业业务的需求,网络除了具备容量弹性以外,还需要具备切片能力,随时按需为任何一个企业用户提供满足服务等级(SLA)的业务。

因此,无论是针对热点变化的容量调度,还是针对业务灵活开通的网络切片,都要求网络具备一定的容量冗余,并具备容量按需配置和灵活扩容的能力,即具有良好的容量弹性。而无源分布式天线系统无法通过按需配置灵活调度容量,无法满足网络容量弹性的要求。

三、行业应用要求

智能制造、远程医疗等行业应用依赖于精准控制,要求相关的传输网络具备极高的可靠性。依据 3GPP TS 22.261 协议,网络可靠性需要达到 99.999% 以上。

通常,网络可靠性通常需要从平均故障间隔时间、平均故障恢复时间、系统可用性等三个方面考虑。

从平均故障间隔时间来看,无源分布式天线系统主要由大量的无源部件、少量的有源设备等两部分组成。正常条件下,连接可靠的单个无源部件出现故障概率比较低,但室内无源系统由多个串并连接的无源节点(模块)组成,当某一无源节点出现故障时整个串联系统无法工作。而这些无源节点状态不可视,出现故障都无法监测,系统平均故障间隔时间也就无从管理。

从平均故障恢复时间来看,传统室内网络某个局部出现故障后,只能依靠工程师针对室内无源系统逐条支路、逐个部件进行摸排,定位难、整改难,故障恢复时间很长。

那么,无源分布式天线系统的可用性也就比较低。

综合来看,无源分布式天线系统的可靠性较低。因此,要满足 5G 网络的极高可靠性要求,在提高系统鲁棒性的同时,更重要的是实现网络的可控可管。

四、网络共存及新业务发展要求

无源分布式天线系统的无源节点数量庞大,100% 都不可监测、不可管理。例行巡检数量庞大的无源网络节点,需要巨大的人力物力投入。由于运营商网络维护部门每年用于室内网络维护的预算有限,只能选择少量站点进行例行测试、巡查、整改,难度大、耗时长。这是长期困扰网络维护部门的维护难题。5G 时代,运营商需要维护 2/3/4/5G 四张共存的网络,网络架构更加复杂,维护难度更大。

5G 时代,利用网络切片在某些特定区域快速开通新业务或企业业务,是运营商增收的重要方向。开通业务时,需要提前评估网络资源利用率、预测新业务的容量需求及服务等级的满足度,才能快速完成业务发放。目前,室内网络数字化程度不高,无法支撑精细化评估、网络资源预测,无法快速在局部区域增加容量,而需要单独为企业业务建设一套室内系统,建设周期长、投资大。比如,运营商针对某医院的无线医疗办公网络需求,无法利用运营商已经部署的无源分布式天线系统,而必须单独新增一套室内无线接入网络才能开通业务,业务发放慢、投资效率低。

目前,无源分布式天线系统在头端工作状态可视和灵活扩容上均无法满足要求,如何建设一张能灵活开通新业务、高效运维和智能化运营的数字化网络,是室内 5G 网络建设时需要重点考虑的问题。

综上所述,建设室内 5G 网络过程中,将会面临高频组网、网络容量弹性、网络可靠性、网络高效运维、智能化运营等挑战。

为了应对上述挑战,需要从组网策略、MIMO(Multiple-Input Multiple-Output,多入多出技术)技术选择、方案选择、容量规划、网络可靠性、网络运维及运营等方面综合考虑室内 5G 目标网建设策略。

五、5G 室分投资

5G 室分投资巨大,预计高达 7 000 亿~10 000 亿元(占 5G 网络投资的 30%~40%),电信企业面临投资压力;而且,因为有源化室分的大量建设会大幅度增加电费、维护费等运行成本,运行成本的压力会更加突出。5G 室分投资具体特点如下:

1. 与 4G 相比,成本相差悬殊

(1)以 4G 测算,分布式微站单"天线"约 1.2 万元,无源室分单天线约 2 400 元(含信源)。

(2)在空旷场景,二者投资相差约 2 倍;在隔断场景,二者投资相差约 5 倍。

(3)5G 频段更宽、通道数更多,5G 微站室分造价会更高,导致 5G 室分投资巨大。

2. 建设投资大

(1)根据中国信通院预测,我国 5G 网络部署成本将达到 2.3 万亿元,大约是 4G 的 3 倍。

(2)4G 时代,中国移动室分投资占比约 30%,中国电信和中国联通占比约 15%;5G 时代室分投资占比将提高到 40% 左右。

3. 运行成本高

(1)5G 有源化室分功耗约是目前无源室分的 3~4 倍,是 4G 有源室分的 2 倍左右。

(2)有源化室分的比例上升、5G微站功率的增加会大规模提升室分电费、维护费成本。

因此在现有室分共享的基础上，积极探索5G室分设备共享、频率共享新的共享模式，研发5G产品共享方案，有助于电信企业降低建设成本和运营成本，支撑5G室分业务发展。

任务小结

本任务主要学习5G室分所面临的挑战，涉及了不同方向对于5G的挑战：高频组网、多样化业务、行业应用、多网络共存、投资。

任务三　室内5G网建设策略

任务描述

本任务主要介绍室内分布系统建设、部署、运维策略。

任务目标

- 掌握：5G室分系统建设策略。
- 掌握：可靠性与部署策略。
- 掌握：网络运维策略。

任务实施

一、组网策略

5G网络将采用频段较高的多组频率组网，主要使用的频谱是6 GHz以下的C-Band（3.5 GHz和4.9 GHz频段）、26～28 GHz毫米波。

各个频段传播损耗差异较大，频谱带宽和组网成本差异也较大，组网设计的挑战就是需要综合考虑网络覆盖、容量和建网成本。

为了满足室内5G目标网的基本要求，室内5G网络需要至少选择某一频段实现连续覆盖。C-Band频段的空中传播损耗和穿透损耗远低于毫米波，能以较低建网成本实现5G室内连续覆盖。毫米波频谱较宽，但是覆盖能力弱，需要密度较高的头端才能实现连续覆盖，建网成本较高。因此，在C-Band频谱资源无法满足业务需要的室内局部区域，再考虑局部叠加毫米波网络以满足超大容量的需求。

综合考虑频谱资源、电波传播特性和建网成本因素，室内5G组网时使用C-Band频段连续组网，用于5G基础覆盖和容量层；毫米波频谱用于热点区域的业务吸收。5G组网策略如图8-3-1所示。

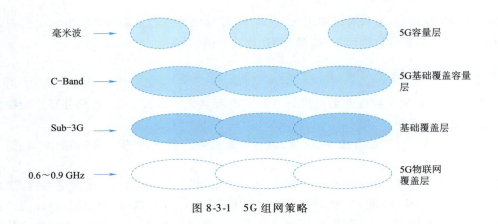

图 8-3-1　5G 组网策略

二、MIMO 选择策略

MIMO 支持空中多码流传输,可以大幅提升小区容量;MIMO 还具备上下行分集增益,可以提高网络的边缘速率,提升用户感知。

目前,4G 智能手机支持单发单收(1T1R)或单发双收(1T2R)功能,5G 智能手机将采用更高的多发多收技术,如:双发四收(2T4R)。因此,建设适配终端能力和业务需求的 5G 网络,MIMO 技术选择是重要环节之一。

受限于安装空间,室内 5G 网络无法安装体积较大的 Massive MIMO(64T64R)天线,只能选择体积较小的 MIMO 天线。华为公司使用 3GPP 38.900 协议定义的室内非视距场景传播模型,考虑一堵室内建筑物墙体损耗、头端发射功率与 4G 相近条件下对 5G 网络进行了仿真,3.5 GHz 频段 4T4R、2T2R、1T1R 配置、LTE 网络 2T2R 的小区边缘速率仿真结果如图 8-3-2 所示。

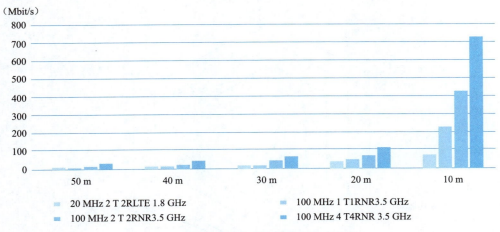

图 8-3-2　室内 5G 小区边缘速率仿真结果

如图 8-3-2 所示,LTE 网络无法满足随时随地 100 Mbit/s 的带宽要求。采用 4T4R 可以较好地满足边缘速率 100 Mbit/s 的要求。4T4R 除了有一定的覆盖增益外,还可以提供较大的系统吞吐率,能较好地满足 5G 超大带宽尤其是超高流量密度的要求。而且,相邻 4T4R 头端能通过网络配置算法组成虚拟 8T8R,提供更高的系统吞吐率和边缘速率。

综合考虑边缘速率、系统吞吐率因素,室内 5G 网络需要选择高阶 MIMO 技术。同时,考虑天线体积、技术复杂性和终端因素,选择 4T4R 比较合适。

三、方案选择策略

可选的室内 5G 网络解决方案可以划分为室内数字化分布式基站、无源分布式天线系统、分布式光纤直放站三类。

下面将从覆盖、容量、综合成本、运维、运营等维度对三类室内 5G 网络解决方案进行对比分析。

室内数字化分布式基站:该系统由 BBU、扩展单元和有源头端组成,采用室内覆盖数字化架构,包含头端数字化、线缆 IT 化、运维可视化三大特征。基于头端级的小区分裂能力,可按需灵活配置容量。采用 IT 化的网线/光纤部署。基于全有源的数字化系统和头端级的 MR 能力,实现网络设备的可视化和网络性能的地理化,支持网络故障快速恢复和预防性管理;同时提供室内位置服务,支撑 5G 网络能力开放和持续运营。

无源分布式天线系统:由合路器、功分器、耦合器、同轴电缆、天线等无源器件组成。由于该系统是射频信号传输管道,全无源、不可管、节点多、故障定位难,不能独立提供容量,在 C-band 及毫米波频段损耗大、难以向更高频段演进。

分布式光纤直放站:由近端单元、光信号扩展单元、远端单元组成。近端单元与信源设备连接,实现模拟射频信号向光信号的转换,远端单元再将光信号转换成模拟射频信号并放大。与无源分布式天线系统相比,分布式光纤直放站具有一定的可视化管理能力,但难以与信源设备网管深度融入。而且,由于分布式光纤直放站本质上是射频信号的透明传输通道,无法独立提供容量,更无法提供弹性容量,还无法支撑数字化运营。

室内 5G 网络解决方案可选方案对比分析结果,如图 8-3-3 所示。

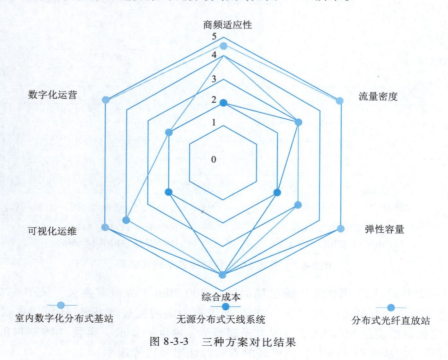

图 8-3-3 三种方案对比结果

由图 8-3-3 可见,无源分布式天线系统和分布式光纤直放站在弹性容量、数字化运营、可视化运维、高频适应性等方面无法满足 5G 业务要求;只有数字化分布式基站才能全面满足超高流量密度和超大带宽、超高可靠性、超低时延、海量连接、位置服务和可视化运维与智能化运营等要求。

四、可靠性策略

网络高可靠性的基本要求除了网络可视、网络可管、系统自愈之外,还需要针对重点区域从覆盖交叠、容量冗余、网络备份结构等几个方面进行网络可靠性设计。下面从设计角度分析如何保障 99.999% 网络可靠性要求。

(1)需要考虑室内 5G 网络覆盖冗余,在高可靠性的需求区域部署多个头端覆盖,当其中一个头端发生故障时,由相邻的头端提供信号覆盖。

(2)需要考虑室内 5G 网络容量冗余,当单个头端无法提供足够容量时,相邻头端具备为用户提供容量的能力,随时可以按需调用。

(3)设计网络时需要从拓扑架构上考虑网络可靠性,在关键连线和节点上采用冗余备份,不同头端采用不同传输线路,这样当一路传输线路出现临时故障时,相邻头端仍然可以提供服务。可靠性组网示意图如图 8-3-4 所示。

图 8-3-4　可靠性示意图

五、部署策略

室内 5G 网络部署阶段,既要考虑部署成本,也要考虑部署阶段的质量对后续日常运维的影响。部署阶段如果不采用数字化方式部署,就无法保证头端与网管显示的一一对应,也无法准确标识头端的具体位置,会导致可视化运维、智能运营不具备实施基础。因此,在室内 5G 站点选择、勘测设计、集成实施、竣工验收等环节,都需要采用数字化方式部署。

基于大数据技术的站址选择方案已经广泛应用于 4G 网络部署。由于 5G 流量更多集中在室内,业务量随时间、空间变化更加频繁,需要基于 4G 网络数据生成业务、用户、流量的 3D 分布图,作为室内 5G 站点选址的主要依据。

选择合适的站址后,需要使用智能勘测设备到现场采集数据,生成精细化的室内 3D 数字地图,作为室内 5G 容量规划及覆盖设计的输入。设计方案经过迭代仿真验证后,输出满足覆盖、容量和可靠性要求的头端位置、走线路由、连接关系图表。所有勘测、设计、仿真信息将详细记录到一个交付作业平台中,实现数据贯通。

其后的集成实施过程中,按照数字化的 3D 设计图确认安装位置、走线路由、连接关系,按照规范将相应的网元或头端安装在规定的位置,并将实际部署结果记录到交付作业平台的数据库中。这样保证了施工与设计的一致性,实现了集成部署过程可视、质量可控,避免施工出错反复整改。

实战篇 室分系统的管理与规划

通上电后,将设计参数配置到每个头端,导入室内 3D 数字地图及实际部署数据库信息,系统将实现实时动态监测头端的工作状态、业务量和用户变化。运行一段时间后,系统将按模板生成网络运行指标及性能报告,辅助网络竣工验收。

综上所述,只有网络部署过程端到端数字化,使用统一的数字化集成部署平台(见图 8-3-5),才能实现选址、勘测、设计、施工、验收过程的数据贯通,保障数据统一、准确、高效、高质量完成室内 5G 网络部署,为高效运维、智能运维夯实基础。

图 8-3-5 室内 5G 网络可视化运维示意图

六、网络运维策略

网络运行中会不断出现各种问题或故障,为保障用户良好感知和网络高效运营,需要对网络实行精细化维护。室内 5G 网络简单、高效运维的基础是所有网元和头端工作状态可视。在状态可视的基础上,才能实现网络动态监控、故障识别和快速定位。基于室内 3D 数字化地图的可视化网络运维示意图如图 8-3-6 所示。

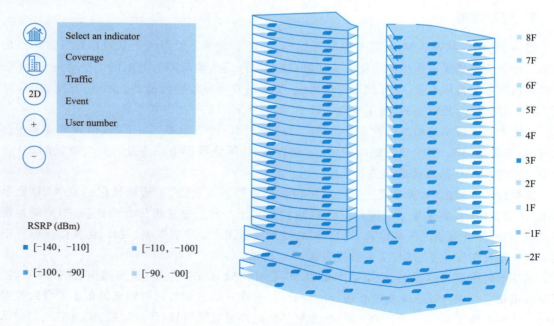

图 8-3-6 室内 5G 网络可视化运维示意图

为了提高室内 5G 网络运维效率,需要基于大量的历史数据预测业务变化,及时采取容量分配、能耗管理策略,远程对网元或头端实施参数优化、模式变更等操作。更进一步,还需要对网络故障进行统计分析,对故障的严重程度进行分级排序,综合进行智能化判断,自动输出紧急且重要的故障处理工单,大幅减少工单量和故障处理工作量,改善网络运维效果,且大幅减少运维费用。

七、网络运营策略

(1)运营商将利用 5G 强大的切片能力为行业客户提供高质量的网络服务。未来,企业不再需要自己搭建和维护单独的室内专网,可以直接使用运营商的在线业务系统申请开通网络服务、新业务。比如医院可以在线向运营商申请本地医疗办公、远程医疗的网络服务,商业中心临时向运营商申请网络带宽支持商品 VR 促销活动等。而支撑这类业务灵活开通,除了需要网络具备弹性容量外,还需要搭建室内网络运营平台,通过大数据分析,高效识别高价值业务、快速识别潜在客户、精准营销。

(2)未来社会是数据驱动发展的时代,超大流量的室内 5G 网络承载了非常有价值的数据。基于 5G 网络的室内位置的大数据,已在室内导航、导购、室内客流、安全监控、精准营销方面得到了较为广泛的应用,而且数据精度越高价值越大。为了更好地发展室内 5G 网络的大数据业务,除了必须部署室内数字化分布基站外,还需要搭建室内网络运营平台,构建室内位置、用户画像、数据安全等基础能力,并通过能力开放的方式使其能行业应用,如图 8-3-7 所示。

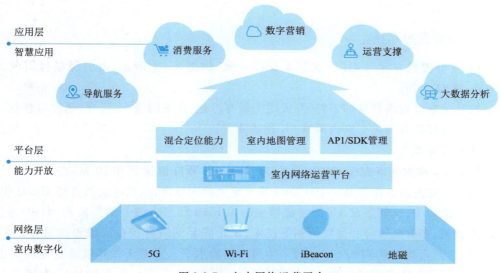

图 8-3-7 室内网络运营平台

综上所述,为应对室内 5G 网络各方面的挑战,需要采用高中低频分层组网策略,选择 4T4R 及以上的数字化分布式基站,基于室内数字化集成部署平台,规划建设一张弹性容量、99.999% 可靠性(高可靠性业务区域)、3D 可视的室内数字化 5G 网络,并基于室内 5G 网络运营平台,实现网络智能运营。

任务小结

本任务主要学习 5G 的室分建设策略,涉及 5G 建设的组网策略、MIMO 选择策略、方案选择策略、可靠性策略、部署策略、网络的运维运营策略。

任务四　学习5G新型数字化室分系统

任务描述

本任务主要介绍5G新型数字化室分系统的组成以及中兴针对5G网络的室内分布系统Qcell解决方案。

任务目标

- 掌握:5G新型数字化室分系统。
- 掌握:数字化室分网络特征。
- 掌握:中兴Qcell数字化系统。

任务实施

一、5G新型室分系统

5G有源室分覆盖方案与4G方案基本保持一致,如图8-4-1所示,由三级结构组成,包括BBU、RHub和RF Unit。

新型数字化室分网络具备如下特征:天线头端有源化、传输网线/光纤化、运维可视化、业务多元化。这些特征正好满足了室内网络5G化的要求:

1. 天线头端有源化

为了满足5G室内网络支撑eMBB业务20 Gbit/s体验峰值速率和10 $Mbit·s^{-1}/m^{-1}$ 流量密度的要求,5G室内网络需要至少100 MHz甚至更大的网络带宽,同时能够支持MIMO规模部署提升网络频谱效率,这就要求5G网络能够支持C-band和毫米波等高频段和MIMO,同时通过小区动态分裂、多载波聚合和高阶调制等技术,灵活满足网络流量在区域和时间分布上的潮汐现象需求,达到人均100 Mbit/s以上的个体用户体验水平。无源天线难以满足上诉要求,5G室内网络需要部署有源化射频头端,支持端到端高低频组网,支持大规模MIMO。如图8-4-2是室分系统中天线端有源化设备。

2. 传输网线/光纤化

面向5G演进,室内网络架构需要具备快速引入5G NR的演进能力,通过快速叠加5G NR模块支撑5G移动新业务,在一段时间内形成LTE和5G NR融合组网提供类似5G网络的极致体验服务。但是,传统的射频电缆和室分耦合器件不支持5G NR新频段,比如C-band和MM毫米波段,需要重新部署,而在室内全部重新部署新的射频电缆成本很高,有些地方甚至没有空间,已无法部署。因此,运营商需要从现在开始,在室内部署大带宽、轻量化的传输,如网线,光纤等,以代替笨重的射频电缆,避免将来重复投资。

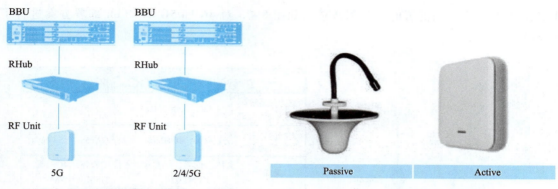

图 8-4-1　5G 有源室分覆盖方案　　图 8-4-2　室内天线头端有源化

3. 运维可视化

和传统室外网络不同,室分网络设备的进场部署需要与物业主协调,安装和调试过程复杂,进场维护的成本很高。因此网络的快速部署和可视化运营维护成为 5G 室内网络的基本要求。可视运维的室内网络能够实时监测室分网络海量头端和其他网元设备的工作状态,利用先进的 Mobile AI 技术自动根据周边信道条件和用户密度自优化网络资源分配,在网络出现故障时自动诊断和愈合,最大化减少人工介入以降低运维成本,从而大大节省运营商的 OPEX,保护客户网络投资。

4. 业务多元化

随着移动互联网和无线通信技术的发展,人们对业务的需求已不再是简单的语音和短信服务,高清视频、无线 VR/AR、室内精准定位、导航、大数据分析等新业务将是发展趋势,室内移动网络需要具备提供这些多元化业务的能力。以室内精准位置定位为例,传统的 DAS 小区级定位范围为 50～100 m,而数字化室分系统的定位精度为 5～7 m,甚至更高,同时还可以对外开放接口,成为各种第三方移动业务(包括位置服务 LBS 业务)应用开发的平台。

面向室内网络的演进,运营商应该从当前的网络开始 5G 化部署,由于数字化室分网络具备明显的特征:天线头端有源化、传输网线/光纤化、运维可视化、业务多元化。因此,它是未来室内网络演进的最佳方案,能跟随标准,有效满足网络从 4G、4.5G 到 5G 各阶段的容量、体验、运维、业务等需求,同时最大程度保护运营商的投资。新型数字化室分是面向 5G 演进的必然选择。

二、中兴 Qcell 方案

1. QCell 5G 方案简介

面对 5G 更为复杂的商用场景,中兴通讯 QCell 新一代 5G + 数字智能室分方案,支持多频多模复杂组合,大带宽满足共建共享需求,实现快速部署、更大容量,为用户提供 5G 极速体验。QCell 数字智能室分方案经过大规模的 4G 商用积累和 5G 商用实践,相比传统的 DAS 系统,能为客户带来远优于传统方案的更大容量、灵活扩容和透明可见、更低成本的运维,同时可以提供基于室内精准定位的增值业务和全新商业模式。

QCell 方案在 LTE 时代,相对于 DAS 方案有成本高的问题,但是在 5G 时代部署 QCELL 室分成本相对于 DAS 更低;

4G LTE 现网部署 QCell 方案时,建议提前为未来 5G QCell 考虑,如:考虑提前采用 CAT6 线缆部署,尽量减少未来部署时的工程改造。如图 8-4-3 对 4G 和 5G 的 QCell 部署方案进行了比较。

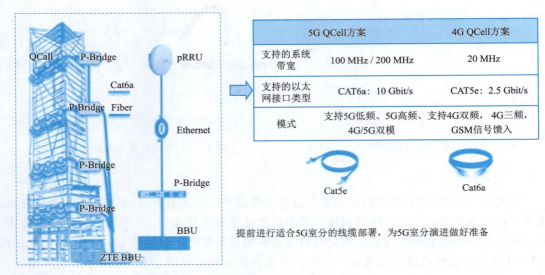

图 8-4-3　QCell5G 和 4G 部署方案的比较

QCell 5G 方案的主要网元包括远端射频单元 PicoRRU(简称 PR)、远端汇聚单元 P-Bridge (简称 PB)、多制式接入单元 MAU 和基带单元 BBU。

具体 QCell 5G 部署方案如图 8-4-4 所示。

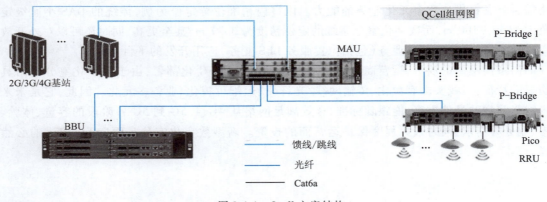

图 8-4-4　Qcell 方案结构

注意:从图 8-4-4 可以看出 5G QCell 部署方案和 4G QCell 部署方案比较只是 PicoRRU 与 P-Bridge 之间连接纤缆的变化,其余部分没有变换。

2.5G Qcell 的性能

(1)QCell:系统超大容量,按需灵活调整。

①超大系统容量,单套系统多个小区,容量可达 DAS 系统的数倍。

②通过远程网管可设置小区合并,小区分裂,灵活调整容量。

a. 容量需求不高时,可通过小区合并,减少逻辑小区数量,有效降低干扰;

b. 当容量需求提升时,可以通过小区分裂方式满足大容量需求。

（2）QCell：覆盖增强，无缝用户体验。
①每个点的功率可设，没有任何衰减；
②pRRU 支持 2T2R/4T4R，相对 DAS 的 1T1R，在容量和覆盖上都有很大提升；
③覆盖和小区边缘用户的性能也得到很好的提升；
④QCell 微小区和室外宏小区可实现 HetNet 云协同，优化覆盖提升容量。
（3）QCell：设备简化，快速部署交付。
（4）QCell：多频多模部署，2G～5G 全无忧。
（5）QCell 方案实现多频段的关键是 pRRU，不同型号的 pRRU 支持不同频段，所以要根据频段规划选择对应的 pRRU。

任务小结

本任务主要学习 5G 新型数字化室分系统，涉及 5G 新型数字化室分系统及其特征，并讲述了中兴的 Qcell 室分方案。

※ 思考与练习

一、填空题

1. ITU-R（国际电信联盟无线电通信组）定义了 5G 应用的三大业务类型：_____、_____、_____。

2. 全球移动通信系统协会，简称_____，认为 5G 网络将是移动互联网和物联网的重要载体，5G 将为人们带来更智能、更丰富的业务应用。

3. 在业务层面，5G 室内网络演进凸显出了两个关键性要素：_____、_____。

4. 网络可靠性通常需要从平均故障间隔时间、_____、_____三个方面考虑。

5. 5G 网络将采用频段较高的多组频率组网，主要使用的频谱是 6 GHz 以下的_____和 26～28 GHz 毫米波。

6. 室内 5G 组网时使用 C-Band 频段_____，用于 5G 基础覆盖和容量层；毫米波频谱用于热点区域的_____。

7. 目前已建的无源分布式天线系统不支持 5G 频段，系统改造面临技术不可行、_____、_____等巨大的挑战。

二、选择题

1. 为了满足 5G 室内网络支撑 eMBB 业务_____体验峰值速率和_____流量密度的要求，5G 室内网络需要至少 100 MHz 甚至更大的网络带宽，同时能够支持 MIMO 规模部署提升网络频谱效率。以下正确的是（   ）。

    A. 10 Gbit/s、10 Mbit·s^{-1}·m^{-2} B. 20 Gbit/s、10 Mbit·s^{-1}·m^{-2}
    C. 20 Gbit/s、20 Mbit·s^{-1}·m^{-2} D. 20 Gbit/s、100 Mbit·s^{-1}·m^{-2}

2. 以下关于地铁室内设计的说法错误的是（   ）。

    A. 出入通道的上下楼梯和站台的覆盖连续，可以采用分布式全向吸顶天线进行覆盖

    B. 有一些地铁隧道较短且直，覆盖要求低、容量需求小，可以使用两个高增益的全向天

线对打来覆盖
C. 地铁在夜间的话务量较低,最好采用有智能关电技术的信源设备
D. 对于较长的隧道,可以将泄漏电缆进行分段,一个 RRU 连接两段泄漏电缆

3. 5G 有源室分覆盖方案与 4G 方案基本保持一致,由三级结构组成,包括(　　)。
A. BBU、Hub 和 RF Unit　　　　　　B. BBU、Hub 和 RRU
C. BBU、Hub 和 AAU　　　　　　　D. BBU、AAU 和 RF Unit

三、判断题(正确用 Y 表示,错误用 N 表示)

1. (　　)智能制造、远程医疗等行业应用依赖于精准控制,要求相关的传输网络具备极高的可靠性。依据 3GPP TS 22.261 协议,网络可靠性需要达到 99.999% 以上。

2. (　　)5G 有源化室分功耗约是目前无源室分的 5~8 倍,是 4G 有源室分的 2 倍左右。

3. (　　)为了满足室内 5G 目标网的基本要求,室内 5G 网络需要至少选择某一频段实现连续覆盖。

4. (　　)毫米波频谱较宽,但是覆盖能力弱,不需要密度较高的头端就能实现连续覆盖,建网成本较高。

5. (　　)只有无源分布式基站才能全面满足超高流量密度和超大带宽、超高可靠性、超低时延、海量连接、位置服务和可视化运维与智能化运营等要求。

6. (　　)在室内 5G 站点选择、勘测设计、集成实施、竣工验收等环节,都需要采用数字化方式部署。

四、简答题

1. 5G 有哪三大业务类型?
2. 5G 室分建设面临哪些挑战?
3. 5G 室分建设的策略是什么?
4. 提高室内 5G 网络运维效率的措施有哪些?
5. 中兴 Qcell 室分系统有哪些性能?

工程篇
室分系统工程

引言

　　室分系统工程属于通信工程中非常重要的一个环节。它与常见的通信基站工程有许多相似之处,当然也有差异。

　　室分系统工程与室外基站工程最大的差异就是各种室分元器件的使用,如功分器、合路器、耦合器等。当然也少不了信源设备、射频器件、GPS、线缆的敷设与安装。这也是本篇章比较重要的一部分内容。

　　有施工必然就有工程验收,二者之间有一个不可或缺的流程:室内覆盖优化,以保证整个工程能够达到要求。

　　所以工程篇总的来说包含四方面的内容:室分系统改造、室分系统安装、室内覆盖优化、室分项目验收。

学习目标

- 掌握室分系统安装与改造。
- 掌握室内覆盖优化与验收。
- 具备业务测试和故障处理等能力。

知识体系

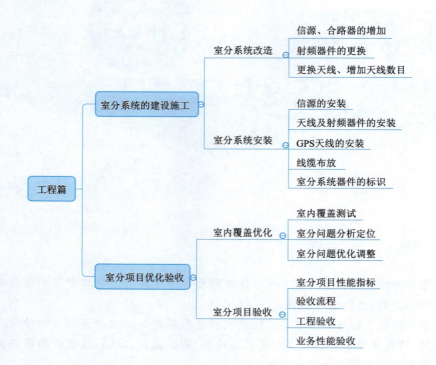

项目九
室分系统的建设施工

任务一　室分系统改造

任务描述

本任务介绍室分中的系统改造过程,主要工作内容有信源合路器的增加、射频器件的更换及天线的增加和更换等。

任务目标

- 识记:室分系统改造。
- 应用:室分系统改造中各类硬件更换流程及注意事项。

任务实施

前面介绍了不同场景建设室分系统的重点和难点,分析了不同场景下室分系统建设工作的重点内容和实现途径。下面将介绍室分系统的建设施工,重点介绍室分系统的改造与安装。

一、信源、合路器的增加

在建设施工的时候,根据楼宇室内勘测的具体情况,决定改造已有的室分系统,还是新建室分系统。

对于需要改造的分布系统,应该在勘测时确定什么地方可以利旧、什么地方必须改造,合路点确定在什么地方。目前,常见的是5G系统、WLAN系统利用已有的4G室分系统,总的原则是"宽带化改造、最小化影响、最大化效果。"

"宽带化改造"是指更换不满足5G系统和WLAN系统频带要求的合路器、功分器、耦合器、天线、干放和直放站等设备。

"最小化影响"是指"改造"应尽量少地影响4G室分系统,确保原有4G网络正常运行。5G或WLAN尽量避免在主干和已有系统合路,尽可能靠近天线端合路的方式对已有室分系统影响最小,并且在后续的建设和优化过程中互相影响也较少。

"最大化效果"是指考虑到现在4G制式、WLAN制式使用的频段较高,无线传播损耗较大,虽然靠近天线端合路可以减少干线的损耗,但在重点楼宇,为了保证良好的覆盖效果,需要适当增加天线的数量。

对于一些平地新起的楼宇、小区,在目前移动通信发展的大背景下,应该考虑新建4G、5G和WLAN多制式共用室分系统。现在新建室分系统时,应该考虑以高频段制式为主导的规划建设,这样解决低频段制式的5G覆盖较为容易。

新建或改造室分系统要注意三点:综合考虑室内外的覆盖一体化、尽量实现室内主干通道的光纤化、保证不同制式天线之间的隔离度。

室内外的覆盖一体化:室分系统的信号在室内区域形成主导小区,避免室外信号的话务吸收;同时控制室内信号在室外区域的泄漏,避免对室外区域造成干扰。

现在室内天线分布系统的实现有四种方式:泄漏电缆分布方式、同轴电缆分布方式、光线分布方式和光电混合分布方式。室内主干通道的光纤化是光电混合的分布方式,是指室分系统的信号源尽量采用BBU加RRU方式,BBU与RRU之间采用光纤传输,RRU再通过同轴电缆及功分器(耦合器)等连接至天线。由于主干线路采用光纤方式,传输损耗很小,降低了室分系统的总体馈损,提高了天线口输出功率,RRU合路位置灵活,减少了对干放的依赖。光纤方式的缺点是由于增加光电转换单元,故障点增多;而且光纤比较容易出现故障,建议光纤铠装。

不同制式天线之间的隔离度:有些新建室分系统的场景,存在其他运营商的其他制式的分布系统,可能会对待建系统造成干扰,如已有的室内小灵通天线可能对TD-SCDMA、WCDMA系统造成影响。在这种天线不能共用的情况下,建议天线之间隔开一定的距离,确保满足两个制式天线之间的空间隔离度。

所谓改造,不是推翻重建,而是在尽可能利旧的基础上改良,优点是节约建设成本,缺点是可能影响已有系统。

室分系统改造的主要内容有"增加项",也有"更换项"。"增加项"是在原有系统基础上支持新的无线制式,为保证覆盖效果必须增加的设备;"更换项"是为支持新制式,原有窄带室分系统宽带化过程中必须更换的设备。下面分别进行介绍。

信源供电方式有两种:电源线缆供电、五类网线供电。

一般情况下,RRU信源和WLAN的AP信源都支持电源线供电。不同信源的供电要求不同,常采用DC-48 V电源供电,但有的WLAN的AP设备用DC 12 V电源供电。在供电条件受限的时候,有的信源支持AC 220 V的市电供电。

当信源离电源的距离小于100 m时,可以用标配的供电电缆;当距离大于100 m时,标配的供电电缆不能满足电压降的要求,需要加粗供电电缆;当距离大于300 m时,不建议使用超长供电电缆,需要为信源单独配置小开关电源及蓄电池组。

现在,一些小型化RRU信源和WLAN的AP信源支持五类网线供电,支持以太网供电(Power Over Ethernet,POE)接口。这样电源线和数据线合二为一,非常适合网线布放方便、供电不方便的场景,极大地简化了安装条件,增加了信源设备的安装灵活性。

按照勘测设计时确定的合路位置,用新增的合路器将新信源与已有的分布系统合路。多系统合路器的重要指标有工作频率范围、隔离度、插损和驻波比,要选取满足以下指标的合路器。

工作频率范围:800~2 700 MHz(包含2G、3G、4G和WLAN频带范围)。

隔离度:≥40 dB(不同制式合路要求不同,这里仅供参考)。
插损:≤0.6 dB。
驻波比:≤1.3(要求在所有频带范围内都满足)。

二、射频器件的更换

更换不满足新制式频带范围要求的无源器件,如功分器、耦合器。根据目前我国现有无线制式使用的频率,现在的室内射频器件都应该采用宽带器件,支持的频率范围为800～2 500 MHz。

新选择的功分器、耦合器的驻波比和插损也要满足以下要求:
- 驻波比:≤1.3(在全频段内)。
- 插损:≤0.1 dB(这里,功分器的插损不包括功率分配损耗)。

有源器件在工作时,会产生大量热量,如果热量不及时散去,就会增加器件的故障概率。干放是典型的有源器件,它的引入会导致系统底噪抬升,覆盖性能下降,在3G系统中尽量少使用干放。如果一定要在室分系统中使用干放,则选用时,需要注意以下几点:

(1)根据天线口发射功率要求选取干放。使用干放的室分系统属于有源系统,干放的最大输出功率有0.5 W、1 W、2 W和5 W,可根据干放所在支路的天线数量和天线口功率需求,选取不同输出功率的干放。

(2)根据上下行增益需求选取干放。干放的最大增益在35～40 dB之间,注意保证上下行增益平衡。

(3)选择噪声系数较小的干放。引入干放会抬升系统底噪。选用的干放噪声系数应满足:上行噪声系数≤4 dB;下行噪声系数≤6 dB。

2 000 MHz的馈线损耗比900 MHz的馈线损耗大很多。引入3G系统、WLAN系统,原来适应2G系统的室分馈线,有可能不能满足新合路无线系统的要求。如果施工条件允许,建议进行馈线改造。改造的原则(仅供参考)如下:

(1)引入工作频率在1 800 MHz以上的无线系统,尽量少使用8D/10D馈线。

(2)原有室分系统的主干馈线中不能使用8D/10D馈线,平层馈线长度超过5m的8D/10D馈线需更换为1/2英寸馈线。

(3)原有室分系统的主干馈线长度超过25 m的1/2英寸馈线需要更换为7/8英寸馈线,平层馈线长度超过50 m的1/2英寸馈线需更换为7/8英寸馈线。

三、更换天线、增加天线数目

4G室分系统的天线改造要求更换后的天线工作频率范围为800～2 700 MHz。4G系统和WLAN系统使用的无线电波频率高、空间损耗大、绕射能力差,因此4G室分系统一般需要考虑增加天线密度。另外,采用"小功率,多天线"方式进行室分建设,也有利于室内无线信号的均匀覆盖。

🔗 任务小结

本次任务学习,主要介绍了室分系统改造:信源、合路器的增加,射频器件的更换,更换天线、增加天线数目。

任务二　室分系统安装

任务描述

本任务介绍室分系统中常见设备的安装、布放和标记的流程和注意事项。

任务目标

- 掌握:室分系统中设备的安装。
- 掌握:线缆布放。
- 掌握:室分系统器件的标识。

任务实施

一、信源的安装

任何安装工作都讲究美观、可靠。所谓美观,是指器件之间整齐有序、设备与环境和谐一致。所谓可靠,是指设备牢固、接口可靠,而且做到了"三防":防水(接口处要做防水处理)、防雷(建筑物顶端要装避雷针,室外天馈可安装避雷器)、防静电(有源设备接地必须符合国家规范要求)。

室分系统安装之前,一定要完成站址勘测工作,应该确定目标楼宇是否具有施工安装条件,包括机房、供电、传输、走线和天线挂点等。通过设计前的站址勘测、设计后的模拟测试,室分系统规划设计的详细图样应能够体现合路器、耦合器、功分器及干放、天线等器件的具体位置及类型,图样上应该标明各器件的输出功率,以指导施工安装。

施工安装之前要准备的工具有:安全帽、冲击钻、锤子、螺钉旋具(螺丝刀)、钢锯、电烙铁、刀子、镊子、扳手、卷尺和镙子等。

现场施工安装时应遵循规划设计图样的要求,确保设计和施工的一致。对于那些现场条件受限,或者设计不合理而不能按照规划设计方案进行施工的,应及时和设计单位协商。

信源的安装有挂墙安装、机房地面安装和楼顶天面安装等多种方式。设备需适应环境,环境也需适合设备。

信源的安装需要注意三点:一是预留安装维护的操作空间;二是供电传输方便;三是整齐有序。

设备安装所需空间的大小和设备本身的大小有关系,安装前要确定所用信源设备的"三维"(高、宽、深)。表 9-2-1 为常见厂家的设备尺寸。

表 9-2-1　不同厂家的 TD-SCDMA 信源尺寸参考

厂家	产品类型	设备型号	体积[高(mm)×宽(mm)×深(mm)]
大唐	微蜂窝基站	TDB03C	580×350×240
	RRU	TDU06C1RRS	412×583×244

续表

厂家	产品类型	设备型号	体积[高(mm)×宽(mm)×深(mm)]
中兴	微蜂窝基站	ZXTRM103	850×280×430
	RRU	ZXTRR04 四通道 RRU	480×440×200
鼎桥	基带池	TBBP510	680×600×450
	RRU	TRRU121	510×420×180
普天	微蜂窝基站	CPNB01-1203CV1.0R2.1	620×380×240
京信	无线(光纤)直放站		570×330×160

对于体积较小的微蜂窝信源、RRU 信源或直放站信源,一般使用挂式安装,最好预留 1 m× 1 m 的维护操作空间。挂式设备的承载体(如楼宇承重墙、抱杆等)必须足够坚固,不会被轻易拆掉。挂装后需整齐有序,不能有明显的几何偏差。在室外安装的挂式设备,应装有遮阳板。

对于体积较大的宏基站,除了考虑供电和传输外,还要在宏基站和机房内其他设备或墙体之间留有足够的维护走道空间、设备散热空间。机房的承重水平要达到宏基站的安装要求,一般要大于 600 kg/m^2。立式安装的基站机柜与同列机架应保证横平竖直,无参差不齐的问题。

二、天线及射频器件的安装

吸顶式全向天线可以安装在天花吊顶外或天花吊顶内。在具备施工条件的楼宇,可在靠近窗口的墙壁上安装挂装式定向天线向屋里覆盖,这样可以使室内小区成为主导小区,减少室内信号对室外的泄露。室内天线安装的位置尽量避免靠近金属物体,同时要考虑建筑物墙体结构对信号的影响。

室内天线的安装要求"固定、美观"。一定要牢固、稳定,不易松动;安装全向天线要保证室内水平角度的美观,安装定向天线保证室内垂直角度的美观。天线安装与周围墙体和天花板协调,不能损毁周围墙体、天花板和其他设施。天线安装完毕后,要清理现场,应对每一处天线做详细的标识。

室内天线之间的安装应隔开一定的距离,并遵守以下两点。

(1)单天线覆盖半径建议。在半开放环境,如商场、超市、停车场和机场等,覆盖半径取 10~20 m;在较封闭环境,单天线的情况下,如宾馆、居民楼和娱乐场所等,覆盖半径取 6~12 m (不同制式、不同场景的天线间距要求不一样)。

(2)不同室分系统天线间距建议。为避免室内多个独立无线系统间的干扰,建议室分系统的天线间距尽量大于 1.5 m(不同制式之间的隔离度要求不一样,这里是参考值)。

主干线路的耦合器、功分器应该固定在弱电线井内,不允许悬空安装、无固定放置,尽量放置在管道井内。支路端的耦合器、功分器应该安装在标准器件盒内,不能影响大楼内部装修的美观。器件的接头应作防水密封处理。

有源器件(如干放)也要尽量安装在走主干线路的弱电线井内,所在位置应便于调测、维护和散热,同时无强电、强磁和强腐蚀性设备的干扰。

三、GPS 天线的安装

有同步要求的无线制式需要安装 GPS 天线,作用是基站用来接收 GPS 卫星的同步信号。每个基站都需要安装一个 GPS 信号的接收模块。

GPS 天线要想正常工作,就必须能够稳定接收到 3 颗 GPS 卫星的信号。所以 GPS 天线必须安装在比较空旷的位置,上方 90°范围内应无建筑物遮挡,如图 9-2-1 所示。

GPS 天线应该安装在避雷针的保护范围内;GPS 天线与避雷针的水平距离应该在 2~3 m,垂直距离要低于避雷针 0.5 m 以上,如图 9-2-2 所示。GPS 天线的安装位置应远离直径大于 20 cm 的金属物 2 m,以避免干扰。GPS 室外部分馈线长度不宜大于 8 m,无须接地,与其他尖锐金属靠近的地方需作绝缘处理。

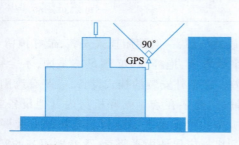

图 9-2-1 GPS 天线安装示例

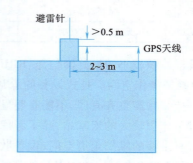

图 9-2-2 GPS 天线和避雷针的位置关系

严禁将 GPS 天线安装在下列位置:
(1)安装在楼顶的角上,如图 9-2-3(a)所示。
(2)与基站天线过近,如垂直距离小于 3 m,如图 9-2-3(b)所示。
(3)放在基站天线主瓣近距离辐射范围内,如图 9-2-3(c)所示。

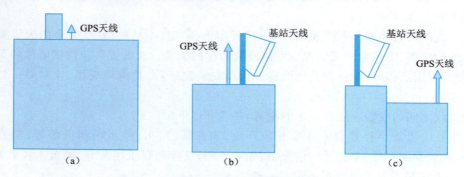

图 9-2-3 GPS 天线安装位置不恰当的示例

四、线缆布放

室分系统需要布放的线缆一般有馈线、电源线和光缆。线缆安装的共同要求是走线牢固(避免松动、裂损)、美观(不得有交叉、扭曲),需要弯曲时,要求弯曲曲率半径不超过规定值。

1. 馈线的布放

安装固定:馈线在线井和天花板中布放时,用扎带固定;与设备相连的馈线或跳线用馈线夹固定;对于不在机房、布线井和天花板中布放的馈线,应安装在走线架上或套用 PVC 管。水平安装应做到布放平直,加固稳定(每隔 1~1.5 m 用固定卡具加固一次),受力均匀;垂直布放的电缆每隔 2~3 m 必须进行捆扎、固定,防止因电缆自重过大而拉坏电缆和接头。

馈线接头:从天线端口到信源端口的各个连接部位都应做到电气接触良好,牢固可靠。馈线的接头必须牢固,保证驻波比小于1.3,要做防水密封处理。

馈线进出口:应该做到防水阻燃。室内馈线走道穿越墙洞或楼板时,孔洞四周应有保护框固定,要经过严密的防水处理、用阻燃的材料进行密封、并进行防雷接地处理。

避免强电、强磁:馈线应避免与电源电缆、高压管道和消防管道一起布放,确保无强电、强磁干扰。由于现场条件所限,必须和电源电缆、高压管道或消防管道在同一个走道布放时,应采取适当的分离措施。

标识明确清晰:馈线布放时要标识好从哪里来,到哪里去。

2. 电源线的布放

电源线的布放也要保证可靠、美观和安全。

电源线的可靠,是指电源线连接可靠、牢固,电气接触良好,确保通信设备长期不间断供电;电压不稳定时,需加设稳压装置。芯线间、芯线与地间的绝缘电阻不小于 1 Ω。

电源线的美观,是指走线美观,标识清楚。如直流电源线的 12 V 正极用红色,24 V 正极用黄色,负极用蓝色或黑色;交流电源线的地线用黄、绿花线等。

电源线的安全,是指接入设备前必须有保护装置,尤其是交流电,要符合电力安全规定。

3. 光缆的布放

可靠的光缆布放要做到防断、防乱、防水和防止过度弯曲。

光缆容易受损,要由专业人员布放,避免用力过猛,超过光缆的允许张力。

光缆在走线架、拐弯点处布放时应进行绑扎,扎带不宜扎得过紧;在绑扎部位,应垫胶管,避免光缆受侧压;绑扎后的光纤在槽道内应顺直,无明显扭绞,严禁打圈、死弯和折叠。

多余的光缆应盘好、固定好,注意美观;为室分设备预留的光缆,要使用专用光纤光缆分线盒妥善安置。

光缆两端一定要清晰地标注好从哪里来,到哪里去。

对光缆接头作密封防潮处理,防止进水。

光缆的弯曲半径不应小于光缆外径的 20 倍。

五、室分系统器件的标识

室分系统安装过程中涉及的所有器件和线缆都应该有清晰明确的标识,要与规划设计图样上的名称、编号对应,以便后面的维护和整改工作。

对于线缆,要在线缆两端标识出线缆的走向,即从哪里来,或者到哪里去;对于器件,要标识出其所在的楼层和编号。

馈线、光缆等线缆标识的格式如下:

起始端:TO_设备编号(在起始端标明馈线到哪个设备去)。

终止端:FROM_设备编号(在终止端标明馈线从哪个设备来)。

各种器件标签的编号格式如下:

设备代号 n-mF/x。

其中,设备代号是 1~3 位英文字母,n 表示设备的编号,m 表示设备安装的楼层,x 代表不同的型号。

1. 无源器件

天线:ANTn-mF(ANT3-20F,表示 20 层第 3 个天线,以下类推)。

功分器:PSn-mF。

耦合器:Tn-mF/x(T3-20F/10 dB,表示20层第3个耦合器,是10 dB耦合器)。

合路器:CBn-mF。

负载:LDn-mF。

衰减器:ATn-mF。

2. 有源设备

干放:RPn-mF。

直放站:ZPn-mF。

射频有源天线:PTn-mF。

有源功分器:PPSn-mF。

3. 光纤分布系统设备

主机单元:HSn-mF。

远端单元:RSn-mF。

光纤有源天线:OTn-mF。

光路功分器:OPSn-mF。

任务小结

本次任务学习,主要介绍室分系统安装,详细讲述了室分系统中所涉及的硬件安装流程及注意事项。

※ 思考与练习

一、填空题

1. 室分系统安装包括_____、_____、_____、_____以及_____。
2. 室分系统安装之前,一定要完成_____工作,确定目标楼宇是否具有施工安装条件。
3. 信源的安装有_____、_____和_____等多种方式。
4. 信源的安装需要注意3点:一是_____;二是_____;三是_____。
5. 对于体积较大的宏基站,除了考虑_____和_____外,还要在宏基站和机房内其他设备或墙体之间留有足够的_____空间、_____空间。
6. 室内天线安装的位置尽量避免靠近_____,同时要考虑建筑物墙体结构对信号的影响。
7. 主干线路的耦合器、功分器应该固定在_____内,不允许悬空安装、无固定放置。
8. 支路端的耦合器、功分器应该安装在_____内,不能影响大楼内部装修的美观。器件的接头应作(防水密封)处理。
9. GPS天线作用是_____。
10. GPS天线应该安装在_____的保护范围内,GPS天线与避雷针的水平距离应该在_____m,垂直距离要低于避雷针_____m以上。

二、选择题

1. 对于体积较大的宏基站,机房的承重水平要达到宏基站的安装要求,一般要大于( ) kg/m²。
   A. 400　　　　B. 500　　　　C. 600　　　　D. 700

2. 在半开放环境,如商场、超市、停车场和机场等,单天线覆盖半径建议取( )m。
   A. 5~15　　　B. 10~20　　　C. 15~25　　　D. 20~30

3. 在较封闭环境单天线的情况下,如宾馆、居民楼和娱乐场所等,覆盖半径建议取( )m。
   A. 6~12　　　B. 8~14　　　C. 10~16　　　D. 12~18

4. 为避免室内多个独立无线系统间的干扰,建议3G室分系统的天线间距尽量大于( )m。
   A. 1　　　　　B. 1.5　　　　C. 2　　　　　D. 2.5

5. GPS天线的安装位置应远离直径大于20 cm的金属物( )m。
   A. 2　　　　　B. 3　　　　　C. 4　　　　　D. 5

6. 以下器件编号错误的是( )。
   A. ANT3-10F　　B. T4-20F/15dB　　C. PPS2-3F/10　　D. OPS4-10F

三、判断题(正确用 Y 表示,错误用 N 表示)

1. ( )现场施工安装时应遵循规划设计图样的要求,确保设计和施工的一致。
2. ( )对于体积较小的微蜂窝信源、RRU信源或直放站信源,一般使用挂式安装。
3. ( )有源器件(如干放)也要尽量安装在走主干线路的弱电线井内,所在位置应便于调测、维护和散热。
4. ( )GPS天线必须安装在比较空旷的位置,上方90°范围内应无建筑物遮挡。
5. ( )垂直布放的电缆每隔2~3 m必须进行捆扎、固定,防止因电缆自重过大而拉坏电缆和接头。

四、简答题

1. 任何安装工作都讲究美观、可靠,而且做到了"三防",那么在室分系统中的"三防"指的是什么?
2. 请简述三网融合室内覆盖的两个方案"共享应用、接入手段利旧""一点接入、共享应用"的具体内容?
3. GPS天线的安装有哪些注意事项?
4. 在室分系统中使用干放,选用时需要注意哪些事项?
5. 怎样提高电源线的可靠性?
6. 光缆的布放可靠性如何保证?

项目十
室分项目优化验收

任务一 室内覆盖优化

任务描述

本任务学习室内分布系统的设备开通过程、常见的室分问题的分析以及优化、调整。

任务目标

- 掌握：室内覆盖测试。
- 掌握：室分问题分析定位。
- 掌握：室分问题优化调整。

任务实施

一、室内覆盖测试

认识事物是从发现问题开始的,发现问题又是从收集测试数据开始的。室内覆盖问题的发现从给室分系统做体检开始,通过系统体检,了解网络运行状况、收集网络运行数据。

既然要开展体检业务,就要有与体检相关的工具。给室分系统进行体检的必备工具有:驻波比测试仪、高频信号发生仪、室内路测系统和后台数据分析软件等。

室分系统的体检从收集以下数据开始:驻波比测试数据、告警数据、话统数据、步测数据、拨测数据、投诉数据和参数配置等。

1. 驻波比测试数据

驻波比(VSWR)是衡量元器件之间阻抗匹配程度的指标。阻抗完全匹配时,驻波比为1;当驻波比大于1时,阻抗不完全匹配,系统内将产生影响性能的反射波;驻波比越高,性能恶化越严重。

室分系统是由多种室分器件组成的,器件之间的接口众多,由于安装疏忽或者系统老化,很容易导致驻波比升高。驻波比测试可以发现室分系统射频器件的质量问题、建设施工的质量问题。室分系统的射频器件老化、故障、施工时接口松动、防水没做好，都有可能造成驻波比偏高。驻波比测试仪的实际外观如图 10-1-1 所示。

图 10-1-1　驻波比测试仪

驻波比测试存在于室分系统的各个环节。也就是说，每个天线支路的各个输入/输出接口（信源机顶输出端口、射频器件输入/输出端口、各馈线连接端口、天线及负载连接端口）都要进行驻波比测试。

由于一个网络往往存在很多室分系统，每个室分系统的天馈支路众多，使用驻波比测试仪对系统进行测量的工作量是相当大的。如果网络侧能够自动检测室分系统天馈部分的工作状况，包括驻波比的情况，就会大大减少测试工作量。驻波比偏高对室分系统的性能是有影响的，网络侧通过监控这些影响，可以间接评估驻波比的大小。

2．告警数据

从发生告警的设备划分，告警数据可分为：天馈系统告警、信源告警（如 BTS、NodeB）、基站控制器告警（BSC、RNC）、传输告警和核心网侧告警等；从影响范围上划分，可分为：天馈支路级别告警、小区级别告警、载频级别告警、基站覆盖区告警、RNC 或 BSC 区域告警等；从解决故障的响应要求划分，可分为：即告类告警（如光路中断或射频输出故障，必须马上响应）和非即告类告警（激光器寿命告警，可在以后方便的时候进行更换）；从告警的严重程度划分，可分为：严重告警、普通告警和轻微告警等。

告警数据一般由网络侧设备的后台维护平台采集，如 GSM 的 BTS、BSC 或 WCDMA/TD-SCDMA 的 RNC、NodeB、eNodeB 的告警管理模块。

告警一般提示的是硬件工作状态的问题、设备功能类问题，而组网性能类问题不会通过告警来反映。但是解决组网性能类问题，一般都要求首先解决所有的告警类问题。

告警信息一般包括告警发生的 BSCID、BTSID、基站名称、告警名称、告警发生时间、告警来源、告警编号，以及具体的单板位置信息等，见表 10-1-1。

表 10-1-1　告警信息示例

BSCID	BTSID	基站名称	告警名称	告警发生时间	告警来源	告警编号	单板位置信息
1	175	民主路营业厅	闪断统计告警	2010-5-1 00:23	BSC	1254	框号 = 5，槽号 = 21，子系统号 = 0，发生闪断告警 = MLPP 组故障告警……

续表

BSCID	BTSID	基站名称	告警名称	告警发生时间	告警来源	告警编号	单板位置信息
3	144	碧水鉴	PPP 链路中断告警	2010-5-10 3:23	BTS	17863	基站名称=碧水鉴,基站编号=76,单板类型=CMPT_TRS,单板编号=0……

有的告警直接更换问题单板便可以解决,如射频板增益异常告警;而有的告警则必须进行拨测,进一步确定问题发生的原因,如长时间无用户接入类的告警;还有的则必须通过各种测试仪器,分段定位故障的位置,如传输闪断类告警。

3. 话统数据

话统数据是网络运行状况和网络性能质量在一个较大范围内的统计值。目前,运营商评估网络性能仍然以话统指标为主要依据。

从统计的范围上,话统指标可分为:小区级话统、RNC(或 BSC)级话统;

从话统指标定义的方法上,可分为:原始话统指标和自定义话统指标。话统指标定义包含了计数点位置说明和统计计算方法描述。原始话统指标数量多、不易使用,用户可以根据系统优化的需求自定义话统指标,使指标更具针对性,更能直观地反映网络性能的优劣。

从 KPI 指标(关键绩效指标)来分,话统指标可以分为:可接入性指标、可保持性指标、可移动性指标、业务量指标、拥塞类指标和干扰类指标等,见表 10-1-2。

表 10-1-2　KPI 类话统指标

KPI 类话统指标分类	KPI 指标举例
可接入性指标	RRC 建立成功率、RAB 建立成功率、CS/PS 接入成功率
可保持性指标	CS 掉话率、PS 掉线率
可移动性指标	RNC 内切换成功率、RNC 间切换成功率、系统间切换成功率
业务量指标	CS 话务量、PS 业务量、零话务小区
拥塞类指标	RRC 拥塞特性、RAB 拥塞特性、PCH 拥塞特性、传输信道拥塞
干扰类指标	上行 ISCP、业务信道 BLER

获取话统数据,需创建测量任务。任务的定义包括:测量范围大小(是小区级别、基站级别,还是 RNC 和 NodeB 级别)、关注的性能指标(如接入成功率、切换成功率、掉话率和阻塞率等)、测量多长时间,多长时间统计一次,什么时候输出统计值等。

得到话统数据后,首先要查看话统数据是否有异常,排除因为话统软件错误或者话统定义错误导致的问题。BSC 话统指标有明显异常的要优先处理。然后重点观察指标异常的室分系统小区。话统数据分析流程如图 10-1-2 所示。

4. 步测数据

在室外驱车沿着一定的路径进行测试称为路测(Driving Test);而在室内,只能使用手推车沿着室内进行路线测试,称为步测(Walking Test)。

如果话统数据是室分系统覆盖"面"上的问题收集,步测数据则是室内重点覆盖"线"上的测试。话统数据反映的覆盖面大,但是不具体;步测数据则能够支持后台处理软件的地理化显示，可以反映出具体问题的位置点，方便分析定位问题，如图 10-1-3 所示。

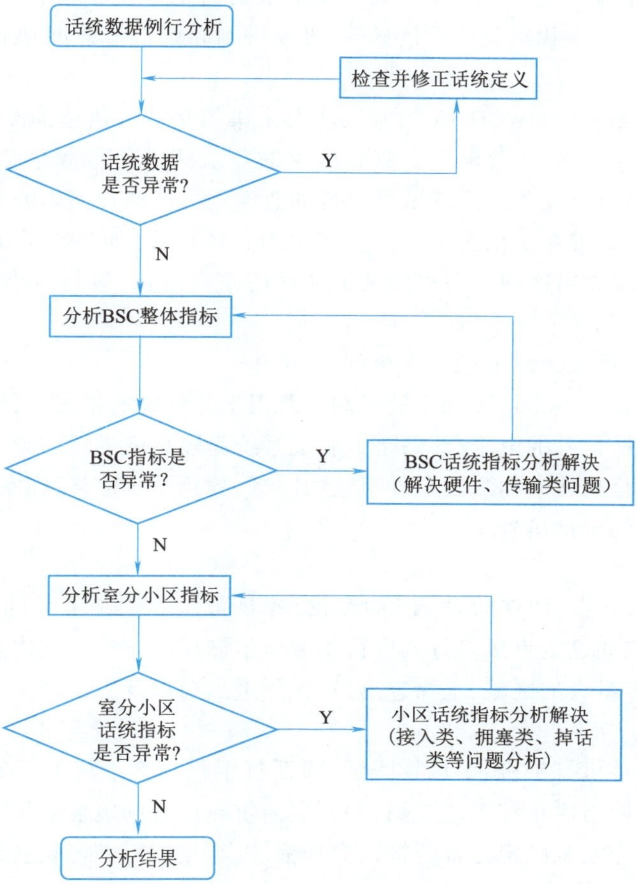

图 10-1-2　话统数据分析流程

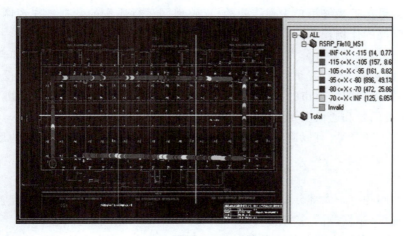

图 10-1-3　室内步测数据图示

步测数据主要包括信号电平、干扰情况（载干比或信噪比）、业务信道质量（误块率、误比特率)、接入情况、切换情况和掉话情况等。下面分别进行介绍。

①室内覆盖水平测试(以 WCDMA 为例):主要采集的是导频覆盖电平和干扰的测试数据,如导频的 Ec、Ec/Io、小区主扰码及位置信息等,可以得到导频信号强度和质量的室内地理化分布图。

②室内业务信道测试(以 WCDMA 为例):主要采集的是业务信道的测试数据,如业务信道的 BLER、上下行发射功率和掉话率等。业务信道的覆盖测试与导频信道的覆盖测试方法一样,区别在于测试的信道。业务信道测试可以得到业务信道性能在室内的地理化分布图。

③室内切换测试:关键在于把握室内发生切换的具体位置,如电梯进出口、大厅进出口、停车场进出口及部分高层靠窗区域。在可能发生切换的室内场景,进行重点测试,获取切换事件的地理化分布图。

④室内干扰测试:重点是两个,即"系统间""室内外"。

系统间干扰测试是指在 2G、3G、4G 等多制式共用室分系统的情况下,使用频谱仪测试各无线制式在天线口的杂散信号的电平,评估是否满足系统间隔离度要求。

室内外干扰测试是指在室内测试室外小区的同频、异频干扰信号;在室外楼宇 10 m 处测试室内小区泄漏在室外的干扰信号。

5. 拨测数据

拨测(Call Quality Test,CQT)是"点"的测试,测试范围不同于上面的"面"测试和"线"测试,是在室内重点区域通过定点拨打方式进行覆盖质量测试的方法。室内重点区域主要包括重点客户所在区域、话务量大的区域、电梯进出口、大厅进出口以及容易产生质量问题的特殊区域(如覆盖边缘、窗口边)等。

拨打测试可以是手机打手机、手机打固话、固话打手机或者手机上网等不同方式。通过测试手机显示的信息和网络侧跟踪到的数据,判断室内重点位置的覆盖效果。

拨测方法比较适合测试确定位置的接入类指标、吞吐量指标、时延类指标和误块率指标等,但不适合测试覆盖统计类、移动类的指标。

6. 投诉数据

投诉数据是最接近最终用户主观体验的、反映现网运行质量的数据。在现网中,投诉室内场景网络覆盖问题的比例较大,对于新建网络来说更是如此。

从数据来源上看,投诉可分为重点用户(VIP)的投诉、易抱怨用户的投诉和普通用户的投诉;从问题发生的场所上看,投诉可分为写字楼的投诉、酒店的投诉、居民区的投诉、高校的投诉、大型场馆的投诉和商场超市的投诉等;从反映问题的类型上看,投诉可分为覆盖类问题、接入类问题、掉话类问题和通话质量类问题等。

根据投诉的不同分类,可以确定投诉处理的轻重缓急,投诉问题重点处理的场景及投诉问题的定位分析方法。

7. 参数配置

室内系统的问题有一大部分是由于参数设置不当引发的。不合理的参数配置会导致室分系统建立时延超长、频繁掉话、数据业务吞吐量低、网络维护效率低等问题。

因此,参数核查是室内覆盖优化阶段的一项重要工作;参数核查的目的是及时纠正参数配置问题,将由于参数配置错误引发的室分问题,同室分系统的其他工程类问题、性能类问题区别开来。

参数配置包括工程参数核查和无线参数核查两种。

工程参数主要是指天线的选型、天线的位置和天线口功率等参数。工程参数的核查要和规划设计的原始方案进行对比,看实际的天线选型、位置、天线口功率和原始方案是否存在差别,差别的原因是什么,哪个方案更合理。

无线参数主要包括功率类参数、接入类参数、移动性相关的参数、容量类参数、QOS类参数和算法开关类参数等。无线参数的核查要和相关室内场景已有的参数配置经验数据进行对比,找出不同,并分析原因。

二、室分问题分析定位

诊断是为了找到病变的具体位置或者病变的根本原因,以便给出具体治疗方案。经常听人说:我头疼、我肚子疼。这是病的症状、表象,本质原因可能是一般的感冒、着凉,也有可能是脑血管瘤或者结肠炎等。

室分问题的分析定位就是根据大量的测试数据,分析室分系统问题发生的具体位置和根本原因,以便找到具体的解决方案。

例如,某一室分系统支路驻波比偏高,这是射频器件的问题,或者是哪个接口没有做好所导致的(问题发生的具体位置)?话统指标的掉话率偏高,这是覆盖太差导致的,还是干扰太大导致的,或者是切换失败导致的(问题发生的具体原因)?某个客户投诉室内的数据业务速率低,究竟是覆盖、容量、干扰的问题,还是参数配置不合理的原因?找到问题发生的具体位置和根本原因,就离找到解决办法不远了。

1. 从症状到根因

从室分系统"体检"后获取的数据可以看出,有的给出的是症状、表象,有的则接近问题解决所需的数据。一般来说,话统数据、投诉数据提供的数据多是症状、表象;告警数据、多次驻波比测试则能够辅助定位到发生问题的具体器件;步测数据能够给出室内信号弱、信号质量差的具体地方,拨测数据能够给出对室分系统具体业务的使用情况,结合呼叫流程、信令跟踪可能定位出问题的具体原因;参数配置出错则是问题的根因,它的表现可能是接入失败、掉话和切换失败等。

从症状找到根因有时候并不容易,因为症状和根因并不是一一对应的关系,而是多对多的关系,见表10-1-3。

表10-1-3 室分系统问题的症状及其根因

症　　状	根　　因
驻波比高	射频器件故障
	器件端口安装问题
告警信息	信源板件故障
话务吸收能力不足	覆盖太差
室外切换失败多	外泄严重
接入失败	容量不足
掉话	干扰太大
切换失败	邻区配置问题

续表

症　　状	根　　因
语音质量差	切换参数问题
数据业务速率低	其他参数、算法配置错误
时延大	设备连接

2. 两个基本方法

分析定位问题，有两大方法："最典型"思路和"分段定界"思路。这两个思路的共同特点是缩小关注范围。室分问题有时候纷繁冗杂、林林总总，找不到突破口。利用这两种分析问题的思路，可以逐步理清问题发生的根因。

"最典型"思路是一种抓主要矛盾或者抓矛盾的主要方面的方法。这种思路在管理学中经常使用。如很多人上班迟到，法不责众。怎么办？抓典型！把最晚到的人抓到给予惩罚，可以逐渐解决迟到问题。

在室分系统的优化过程中怎么"抓典型"呢？找最差小区、问题最多楼层、质量最差的天线支路、投诉最多的地方、投诉最多的用户、投诉最多的终端。

从室分系统"体检"获取的数据中找到这些最典型的问题点，进行对比分析，相互验证，可以找到解决主要矛盾的办法。

"分段定界"思路是排除法或者聚焦法的一种应用。

一个室分问题出现，它可能是终端问题、空中接口问题（主要是覆盖、干扰）、室分系统问题、RRU问题、BBU问题、传输问题、RNC问题或核心网问题；也可能是软件问题、硬件问题或参数配置问题（主要是切换参数、小区参数）；如果是多系统共用室分系统，可能是一个系统的问题，也可能是其他系统的问题。

首先根据问题发生的范围，初步排除问题不可能发生的位置。

如果问题只发生在某个天线口上，而不是室分系统某小区的所有天线上，那很有可能是这个天线支路发生了问题，而不是RRU、BBU、RNC和CN等网元上发生的问题。

如果是几个制式共用室分系统，其中仅有某个制式发生问题，而其他制式没有问题，那有可能不是室分系统合路部分的问题，而是该制式相关的问题。如果是参与合路的所有制式都发生了该问题，那么一定是合路部分出现了问题。

如果某个问题发生的范围很大，不仅某室内小区有这个问题，而且和它同RNC（或BSC）下的其他小区也有类似的问题，那问题最有可能在RNC（或BSC）上。

然后把整个室分系统进行"分段"，如图10-1-4所示。先从终端、空中接口、室分系统，再到信源侧各网元，逐段进行分析。"定界"就是把问题锁定在某个范围内。

图10-1-4　室分系统问题定位的分段定界法

统计表明，由于弱覆盖、干扰导致的空中接口问题发生的概率很大，解决了空中接口问题，就解决了70%以上的室分问题。所以优先在"空中接口"上定位问题，从终端侧、网络侧两个方向跟踪信令、收集数据,定位"空中接口问题"发生的具体位置和主要原因。

三、室分问题优化调整

经过对室分系统"体检"数据的"诊断"分析,找到了室分"病"发生的根因,接下来要给出"治疗方案"了,也就是室分系统的优化调整方法。调整完成后,要进一步验证问题是否解决,使问题形成闭环。

诊断分析后的室分问题分为以下几类:硬件问题、覆盖问题、容量问题、干扰问题和切换问题。这些是室分问题的主要类型,解决了这些问题,室分系统90%以上的问题就可以解决了。

1. 硬件问题

室分系统的硬件问题一般包括天线故障、射频器件故障、信源板件故障、光纤或馈线线路损坏、相关接口松动等。

一般情况下,器件老化是导致硬件问题的主要原因。网络侧设备提供的监控报警功能可及时发现硬件问题,并初步对故障点进行定位。

工程安装失误也是出现硬件问题的重要原因。在工程安装过程中,光纤、馈线的过度弯曲会导致线路中断;防水、防雷、防静电没有做到位,也会导致硬件故障;器件之间连接端口安装松动、不规范,会导致系统非线性度增加,驻波比升高。

更换故障硬件是解决硬件问题的主要方法。由于工程安装导致的硬件故障、接口松动问题必须整改,防止类似问题频繁出现。

2. 覆盖问题

常见的室分系统的覆盖问题有以下几点。

(1)特定区域的盲覆盖、弱覆盖。在结构复杂的楼宇内部,存在着一些相对封闭的空间,如电梯间、楼梯、卫生间、封闭的会议室,以及高层的隔墙覆盖区域等。这些地方易发生覆盖盲区、弱覆盖的问题。

(2)导频污染、无主导小区。在建筑物的窗口区域,很可能进入一些室外小区的信号。多个过强的室外信号在室内区域形成导频污染,较弱的室外、室内信号则会导致无主导小区。

(3)室外信号在室内形成主导。在室内区域,室内小区没有成为主导小区,话务被室外小区吸收了。

(4)室内信号外泄。在室外区域话务较多的区域,收到了室内小区的信号。

解决室分系统覆盖问题的主要优化调整手段有工程参数调整和无线参数调整。工程参数调整主要是指增加天线、调整天线位置、调整定向天线的方位角和下倾角、增加基站;无线参数调整主要是指功率参数、功控参数的调整。

解决室分系统覆盖问题的主要思路有增强覆盖、抑制覆盖两个方向。

在室内的特定区域,解决弱覆盖、盲覆盖、无主导小区的方法就是增强室内小区的覆盖。但有时候,由于物业的原因,难以增加天线或难以调整天线位置,那就没有办法增强室内小区的覆盖了。万不得已的情况下,可以利用室外信号弥补室内覆盖,如果附近没有合适的室外小区,那就很难操作了。

解决导频污染、室分话务吸收少的方法是增强室内小区覆盖,抑制室外小区覆盖。但在楼宇高层,由于信号比较复杂,调整起来比较困难。尽量减少室外站址的高度、控制室外小区的覆盖范围,可以减少导频污染对室内覆盖的影响。

解决室内信号外泄的方法是抑制室内信号的强度,调整室内天线位置,降低室内天线口功率。

3. 容量问题

室分系统容量不足,会导致用户接入失败、掉话、通话质量下降、数据业务速率低、时延增大,以及室分吸收话务的能力降低等问题。

容量问题是一个资源利用率的问题。资源利用率太高,阻塞率必然上升,导致用户的通信质量恶化;资源利用率太低,会导致资源浪费,投资收益率下降。规避室分系统的容量问题的一个方法就是定时监控系统的资源利用率,资源利用率过高的时候,及时进行精确扩容。通过分析话统数据,如拥塞情况、信道占用时长、数据业务吞吐率、话务趋势等,也可以反映资源利用率的大小。

室分系统的资源包括基带资源、功率资源、码资源和传输资源等,这些资源要和室分的话务吸收能力匹配起来。

扩容是解决容量不足的最佳途径,但也是成本最高的途径。在暂时无法扩容的情况下,还可以通过以下途径进行资源优化。

(1)均衡室内外话务(谨慎使用)。室分系统和周边基站进行必要的覆盖调整,使室外小区吸收部分室内区域的话务,如地下室、一楼门厅等。根据室内外业务流量的分布规律和发展趋势,制定室内外负载均衡策略。

(2)流量控制、准入控制。通过调整室分小区相关的流量控制、准入控制和负载控制参数,避免系统的大话务冲击。

(3)优先保障重要用户和重要业务。降低普通用户的通信质量,保障 VIP 用户的通话质量。

4. 干扰问题

室分系统常见的干扰包括以下类型。

(1)有源器件引入造成的干扰。直放站、干放的引入导致室分系统底噪抬升;射频直放站施主天线和业务天线安装不合理,存在重叠区域,可能引起直放站自激;干放在输入信号太强时,容易进入饱和区,导致干扰升高;有源器件使用时间太长,会不断老化,导致系统非线性度增加,干扰也随之增加。

(2)无源器件安装不规范造成的干扰。无源器件的端口松动,附近有强磁、强电,金属物体的影响,会产生大量的杂散和交调干扰。

(3)多系统共存带来的干扰。一个楼宇有多种系统共存不共天馈时,空间隔离度不足,共天馈时,合路器隔离度不够,都会给系统带来干扰。

(4)室外信号对室分系统信号的干扰。在室内的靠近窗口区域,特别是楼宇高层,会进入很多室外的强信号,对室内信号造成干扰,引起通话质量下降或掉话。同样,如果室内覆盖信号过强,也会泄漏到室外宏小区,对室外同频小区造成干扰。

(5)室分系统自身容量增加带来的干扰。用到 CDMA 原理的无线制式,如 CDMA2000、WCDMA、TD-SCDMA 和 TD-LTE,都是自干扰系统。随着接入用户数的增加,系统容量也相应增加,干扰自然增多。

(6)系统外干扰源。系统外干扰源包括对讲机、电视台、雷达和手机干扰器等其他单位使用的、对无线系统有很大影响的干扰源。

常规的干扰调整思路有:消除干扰、抑制干扰和规避干扰。

(1)消除干扰是指直接查找干扰源,消除干扰源;对一些老旧有源器件、无源器件进行更换,不满足系统间隔离度的系统按照施工规范进行改造。

(2)抑制干扰是通过调整功率参数、功控参数、频率扰码的重整、负荷控制参数来降低对室分系统的干扰,但没有从根本上消除干扰。

(3)规避干扰是通过调整室内外天线的位置、方向角和下倾角,使之避开干扰信号的方向。

5. 切换问题

切换问题的解决应该在室分系统的硬件问题、覆盖问题、容量问题和干扰问题之后再考虑,因为这些问题都可能导致切换问题的发生。最终用户直接感觉到的可能是接入失败、掉话或通话质量不好,但一般很难直接意识到这些问题可能和切换问题有关。

正常的切换是指一次业务链接在多个小区间移动时连续无中断,业务质量没有明显恶化。室内正常切换的前提是室内小区成为主导小区,小区负荷合理、无明显干扰、切换参数设置合理。

室分系统的切换问题常发生在室内外出入口(门厅)、电梯口和室内高层窗口,如图10-1-5所示。

常见的切换类问题有如下几种。

(1)孤岛效应。室外小区的信号进入室内,在室内小区的部分地方形成过覆盖区域,用户在过覆盖区域内接入网络通话,然后移动出过覆盖区域,由于没有配置合适的邻区,导致掉话。在建筑物高层的窗口附近经常会发生孤岛效应。

(2)乒乓效应。室内小区信号与室外小区信号电平强度相差无几,随着室内外小区信号强度在一定范围内的波动,用户终端在室内外小区间不断重选或切换,导致用户通话质量下降。在建筑物出入口、高层窗口容易发生乒乓效应。

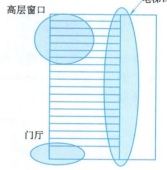

图 10-1-5 切换问题常发生的位置

(3)拐角效应。用户终端在从室外小区进入室内,在室内拐角处或室内装饰物背后,信号强度突然降低,用户终端没来得及完成切换,导致掉话。

(4)针尖效应。室外某小区的信号飘入室内,在狭长的区域内形成强覆盖。由于没有设置合理的切换参数,使得室内小区在移动的时候,切换到了该小区,由于该小区信号在室内的覆盖范围小,容易导致掉话。

室内切换问题的解决方案有以下几种:

(1)明确主导小区。室内小区在室内区域的导频功率的覆盖水平应比室外小区进入室内的信号高 5 dB,以便在室内区域明确室内小区为主导小区。通过调整室内小区的天线位置、天线口功率,增强室内小区的覆盖,同时抑制室外小区进入室内的信号强度和范围,控制其对室内小区的干扰。

(2)邻区、频率和扰码的优化。在发生切换失败的位置,如门口、电梯进出口和窗口,查看邻区配置是否合理,是否存在同频干扰(如 GSM、TD-SCDMA),同扰码组的干扰(如 TD-SCDMA)。必要时,进行邻区关系、频率和扰码重调。

(3)切换、重选参数的调整。移动性相关的参数分为同频、异频、异系统的切换参数、重选参数。这些参数的设置原则是保证室内小区的话务吸收能力,同时在室内信号较弱的时候,能够顺利切换或重选到室外小区或异系统小区。通过切换、重选参数的调整,设置合理的切换带

(重选带)、合理的切换区(重选区)大小,防止切换判决过快或过慢。

任务小结

本次任务学习,主要介绍了室内覆盖优化,主要涉及室内覆盖测试、室分问题分析定位、室分问题优化调整三部分内容。

任务二 室分项目验收

任务描述

本任务主要介绍室内项目验收流程。

任务目标

- 掌握:室分项目性能指标。
- 掌握:工程验收与验收流程。
- 掌握:业务性能验收。

任务实施

一、室分项目性能指标

评估室分系统工程质量的好坏不能是主观拍脑袋的行为,而应该确定可度量的量化标准,通过大量的测试,看其是否达标。当然,不同的无线制式,不同的室内覆盖场景,根据其无线技术的特点、场景覆盖的难度,有不同的标准。

验收标准的制定要遵循 SMART 原则,即 Specific(标准要具体)、Measurable(可衡量、可量化)、Attainable(既有挑战性,又可达到)、Relevant(和室分系统性能相关)、Time-based(工程有时间限定)。

下面以 TD-SCDMA 室分系统的性能指标为例,介绍室分系统的参考性能指标,见表 10-2-1。具体无线制式、具体场景还要区别对待。

表 10-2-1 TD-SCDMA 室分系统的性能指标

验收项目	验收子项	指标要求
工程质量	安装工艺	相关安装规范
	驻波比	系统驻波比<1.4
	有源器件	相关安装规范
	加载测试	ISCP 上升小于 5 dB

续表

验 收 项 目	验 收 子 项	指 标 要 求
室分系统覆盖质量指标	PCCPCHRSCP	室内区域 > −85 dBm 的概率大于 95%；室内信号在室外 10 m 处的外泄电平 PCCPCHRSCP ≤ −90 dBm
	PCCPCHC/I	> −3 dB 的概率大于 95%
CS 域性能指标	RRC 连接建立成功率	>99%
	RAB 连接建立成功率	>99%
	无线接通率	>99%
	AMR12.2k 呼叫建立成功率	>98%
	MOS 值	>3.5
	CS64k 呼叫建立成功率	>98%
	CS64k 平均图像显现时长	<3 s
	AMR12.2k 掉话率	<1%
	CS64k 掉话率	<1%
	AMR12.2k 切换成功率	>97%
	CS64k 切换成功率	>97%
	2G、3G 异系统切换成功率	>95%
	AMR12.2k 上行 BLER	1%
	AMR12.2k 下行 BLER	1%
	CS64k 上行 BLER	0.1%~1%
	CS64k 下行 BLER	0.1%~1%
PS 域性能指标	PS64/64kFTP 应用层下载速率	>55 kbit/s
	PS64/128kFTP 应用层下载速率	>116 kbit/s
	PS64/384kFTP 应用层下载速率	>350 kbit/s
	FTP 应用层上传速率	>55 kbit/s
	PS64/64k 上行 BLER	5%~10%
	PS64/64k 下行 BLER	5%~10%
	PS64/128k 上行 BLER	5%~10%
	PS64/128k 下行 BLER	5%~10%
	PS64/384k 上行 BLER	5%~10%
	PS64/384k 下行 BLER	5%~10%
	HSDPA 边缘吞吐率	400 kbit/s

二、验收流程

当室分系统的建设施工和优化调整完成之后，就可以进入验收流程了。根据室分系统项目启动时确定的验收要求，制订验收计划。验收计划包括测试楼层、测试路线、验收工具、验收内容和验收时间表等内容。

测试楼层一般有逐层测试和隔层测试两种。对于驻波比测试项目应该逐层进行测试，对于安装工艺的验收也应该遍历所有楼层。但是对于建筑结构相似、室分系统规划设计相同的楼层，覆盖测试、干扰测试和业务功能测试则无须逐层测试，只需在楼宇的高、中、低处各选典型的楼层进行测试便可。测试路线应该遍历典型楼层的所有重要位置，如窗口、电梯口和较为封闭的区域等可能出现覆盖问题的区域。

室分分布系统验收需要准备的工具有：驻波比测试仪、便携机、测试手机和频谱分析仪等。

在接受客户验收之前，要先过自己这一关。按照验收要求上规定的内容自己先测一遍。在测试过程中如发现覆盖太差、干扰太大或切换频繁的地方，记录下具体的位置以及相应的电平值、通话质量。测试完成后，对不合格的地方进行整改。

自己这一关过去以后，就可以向客户提出验收申请，客户要进行工程验收和业务性能验收。对于不合格的地方要协助整改。所有的验收项目通过以后，就可以提交验收报告，完成工程移交了。室分系统的验收流程如图10-2-1所示。

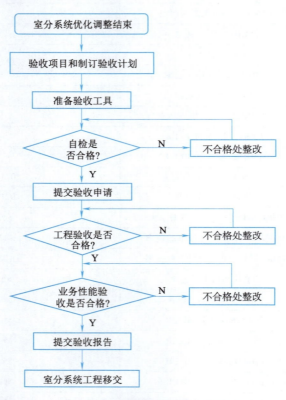

图 10-2-1 室分系统的验收流程

三、工程验收

室分系统的"基础素质"包括安装工艺的规范性、室分器件的可靠性（驻波比测试、有源器件测试）、系统性能的稳定性、干扰控制的有效性、室内覆盖的全面性等。工程验收就是要确定这些"基础素质"是否达标。

1. 安装工艺的规范性

安装工艺的规范性必须在现场进行检查，包括以下工作：

施工是否严格按照设计方案进行，射频器件的实际使用量、电缆的实际长度（长度正误差应小于10%）与规划设计方案是否一致。

施工工艺检查：射频器件是否符合安装规范的要求；馈线排列是否规范整齐；是否做到合理的防水、防雷和防静电；天线安装是否牢固、美观；设备、器件和馈线的标识是否清晰等。

2. 驻波比验收

驻波比测试是衡量室分系统厂家集成能力的重要指标，和射频器件的选型、系统的安装工艺水平有直接的关系。

驻波比测试的范围可以是信号源所带的无源分布系统、干放所带的无源分布系统，还可以是平层天馈支路，甚至可以是单个天线自身。

先通过驻波比测试仪接到信号源所带的室分系统无源部分，这可以是室分系统的总节点；测试其无源系统总驻波比，看是否满足无源系统整体驻波比小于1.4。如果无源系统整体驻波比太大，应该分别在每层天馈部分总节点处测试其平层无源系统的总驻波比，要求每层天馈系统的驻波比都要小于1.4。对于驻波比大的平层天馈支路，需要进行整改；对于驻波比大的天线，需要更换。

3. 有源器件验收

直放站性能验收测试项目包括直放站输入信号强度、直放站下行输出功率、直放站下行增益、直放站上行底噪、直放站上行增益、直放站下行通道杂散发射、直放站下行通道输入互调等。

射频直放站需要查看施主天线、业务天线是否符合安装规范，方向是否合理，检查是否可能出现自激。使用直放站时，要尽量避免直放站和非施主基站小区交叉覆盖一个区域，避免邻区、频率和扰码等参数规划困难，干扰难以控制。

干放性能验收测试项目包括干放输入信号强度、干放下行输出功率、干放下行增益、干放上行增益。一定要避免室分系统上下行不平衡的覆盖问题出现。

干放容易出现器件老化、线性度恶化等问题，长时间加载测试才可以发现这些问题。要查看干放布放的环境是否通风，温度、湿度条件是否适宜。长时间不通风、温度过高或湿度不合适会导致干放故障率上升。

4. 室内覆盖验收

室内覆盖验收包括两个方面：一是天线口输出功率的验收；二是覆盖效果的验收。

可以将跳线上的室内天线拧下来，直接接入测试用频谱仪，读取信号强度，并对比设计方案中该天线口的输出电平，看是否满足要求。

室内覆盖验收测试包括步测、拨打测试两种方式，主要测试的是室内小区在典型位置（如拐角、电梯口、办公区和室内窗口处等）的覆盖情况及在室外离建筑物10 m处的外泄情况。

拨打测试的目的是从最终用户体验的角度对施工质量进行验收。在测试过程中，选择典型楼层的典型位置测试足够长的时间（每次通话时间应大于30 s），进行足够多的测试（每点至少拨测5次）。测试时，记录室内服务小区的ID，所在的楼层号及测试点的位置（用平面图表示）；还要记录在通话过程中，语音清晰无噪声、无断续、无串音、无单通等现象。

步测的目的是遍历室内典型楼层的主要路线，考察较大范围内的导频信号的覆盖水平和覆盖质量。典型楼层包括地下室、非标准层、电梯和标准层（低、中、高各选一层）。

步测还对建筑物外10 m处导频信号的电平和信号质量进行测试，评估室分系统的信号外泄情况。

5. 加载测试

加载测试，也称压力测试，用于验证在高负荷的情况下室分系统的稳定性。

加载测试可以是上行加载测试,也可以是下行加载测试。上行加载测试是指使用多部终端对室分系统进行压力测试;下行加载测试是指通过系统的后台软件进行的模拟加载。

加载测试后,要观察 ISCP 值大小、UE 发射功率在加载前后的变化情况,记录通话质量,以检验室分系统中有源器件的承受能力。如果 ISCP 恶化程度较大,UE 发射功率增加的比例较多,室分系统的稳定性就比较差。

6. 干扰水平验收

用频谱仪测量室内的干扰水平,包括系统外干扰、多系统干扰、系统内同频/异频的干扰。

系统外干扰的特点是和室分系统本身的忙时、闲时没有关系,而多系统间干扰、系统内的同频干扰则不然。当网络忙时,多系统间干扰、系统内的同频干扰非常大;而网络闲时,多系统间干扰、系统内的同频干扰会变得非常小。

为了测试系统外干扰,首先要了解当地的频谱分配情况和已经存在的通信系统,判断可能的干扰源。采用定向天线测试干扰信号强度,找到干扰最强的方向。对于室外干扰源,可以通过驱车三点定位方法,逐步缩小干扰的范围,最终定位到干扰源。根据干扰信号的频谱宽度、分布范围、变化特性和信号强度判断干扰源的性质。

室分系统多系统共存时(如 2G 和 3G 共系统),由于射频器件选择的问题、安装工艺的问题,系统间隔离度不满足要求,系统间可能产生杂散、阻塞和交调等类型的干扰。在验收时,要关注多系统共存时系统间隔离度的问题。

系统内的同频干扰大多是室外小区对室内小区的干扰,多发生在靠近窗户的区域。因此,在验收时,应该尽量多关注窗口区域存在的干扰。从避免干扰的角度出发,应该增强室内覆盖或者采取室内外异频方案。

室内多个小区间的干扰一般也发生在窗口、楼梯口等处,室内其他同频信号可能飘到该层造成干扰。WCDMA 室内同频组网时,容易发生室内多小区间的干扰。

7. 切换验收

切换验收测试是室内环境移动性指标验收的重要环节。同室外不同的是,室内的移动性主要是步行的速度,完成一次切换允许的时间可以稍长一些。

切换验收的重点位置是室内外出入口、电梯口、窗口和楼梯口等地方。测试时,让测试手机始终保持通话,在这些地方进行多次反复移动。通过测试软件记录呼叫时长、通话质量、切换次数和切换掉话次数。也可以通过话统数据,来统计室内小区间和室内外小区间的切换情况。

在 WCDMA 中,还需要考虑的是软切换比例的问题。这个比例可以通过话统数据获取。处于软切换区的用户数量不宜过多,也不能太少,一般在 30% 左右。

室分系统的切换过于频繁、切换失败次数较多,说明移动性指标较差,这一点验收不能通过,要进行整改。

四、业务性能验收

建设室分系统的目的是承载各种各样的业务,满足最终用户业务使用的需求。这是室分系统的"专业技能"。"专业技能"必须建立在"身体素质"达标的基础上,见表 10-2-2。室分业务性能是建立在良好的室分系统工程质量的基础上的。室分系统的业务性能验收就是为了测试室分系统的业务承载能力,通过测试语音业务、视频业务和数据业务的各项指标,看它是否能够达到服务用户的"专业技能水平"。

表 10-2-2　室分系统的专业技能与基本素质

专业技能	语音业务质量、数据业务质量
基本素质	覆盖效果、容量、干扰水平、切换设置
	室分系统器件选型、安装工艺、天线密度和挂点位置、载频资源

1. 室内 CS 业务性能验收

CS 业务包括语音业务、视频业务。

语音业务测试的主要目的是评估室分系统的语音覆盖水平和通话质量,发现语音类接入失败、掉话问题、MOS 值低或其他问题,记录问题发生的楼层、位置,以便及时整改。

室内覆盖的语音测试可采用短呼叫的方式进行测试。两部终端分别作为主被叫,都连接在测试跟踪软件上。在测试软件中设置拨叫、接听、挂机为自动方式,通话时长可设为 30s(仅供参考),然后空闲 20s(仅供参考),每个点测试 10 次通话。

室内语音业务常发生的疑难问题是 MOS 值低、单通、双不通、杂音、回声、串话和断续等。

现在,语音业务通话质量最常见的评估验收方法是 MOS 测试。语音质量平均意见分值(Mean Opinion Score、MOS)是用语音质量的建模算法来模拟人耳的听觉过程,对语音质量进行判决,然后给出 1~5 的评价分值。5 分的语音效果就是面对面说话的感觉;固定电话的语音业务质量可达到 4 分左右;移动电话通话正常的语音质量应该在 3.2~4 分之间;而 3 分以下的 MOS 值,语音效果就很差了。

MOS 值验收测试可分为空载验收测试和加载验收测试。测试设备包括便携式计算机、MOS 测试盒、测试手机、加密锁和 USB 口的 Hub,如图 10-2-2 所示。

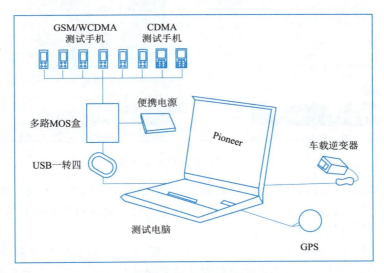

图 10-2-2　语音业务的 MOS 测试

将测试设备连接好,在室内目标区域进行测试。首先将主被叫的呼叫接通,然后主被叫循环播放一定时长的语音文件;每播放完一次语音文件,MOS 盒就会输出一个 MOS 评分。MOS 值较低的时候,应该记录相应的位置。

覆盖太差、干扰过大、切换频繁和传输问题都可能导致语音业务的 MOS 值偏低。

在室内语音业务验收测试过程中,还会碰到一些单通、双不通、断续、杂音、回音和串话等问题。

单通是指通话过程中,对方在讲话,但听不到对方的声音。也就是说,手机在已建立的下行信道上接收不到语音数据包;双不通是指在正常通话过程中,双方都听不到对方的声音;断续是指正常通话过程中,偶尔某些字听不到,感觉到对方说话断断续续;杂音是指通话过程中出现"金属刮擦"声或"咔咔"声等让人感觉不舒服的声音;回声是正常通话过程中听到了自己的声音,分电学回声和声学回声两种;串话是正常通话过程中,听到了第三个人的声音。

产生这些语音业务质量问题后,需要定位、解决问题,然后再重新进行评估验收。

视频通话主要检验室分系统对视频业务的承载能力。测试设置和语音业务测试类似。视频通话实际上包括语音和视频两种业务。其中语音质量的评估可以采用上面的方法;视频质量差的直观感受是马赛克增多、画面扭曲、不清晰,一般用拨测、步测的方法,在网络侧跟踪其上下行误块率,来发现视频质量的问题。

2. 室内数据业务性能验收

室内数据业务的常见问题有速率慢、接入时间太长和接入用户数受限等。上网用户的直接感受就是下载文件慢或页面刷新慢,有时甚至出现超时无响应的现象,如图10-2-3 所示。

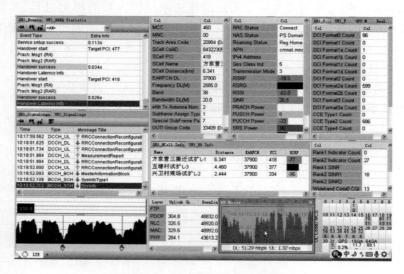

图 10-2-3　室内数据业务速率跟踪

数据业务的验收测试可以使用手机或者数据卡,主要测试单用户在不同位置的最大下载速率、同时在线的用户数目、用户使用数据业务的时延等指标。通过对数据业务的测试,评估室分系统对数据业务的承载能力。

室内数据业务问题一般都和覆盖太差、干扰过大有关。也就是说,提高室内区域的信噪比是解决数据业务问题首先考虑的方法。数据业务评估验收之前,要对室分系统的覆盖水平、干扰水平进行评估。

在完善覆盖、控制干扰之后,要评估室内小区的资源利用率。忙时,资源利用率过高,会使数据业务用户接入困难、已经接入网络的用户速率慢、交互时延增大。找出室内的超忙小区,有针对性地进行扩容或者小区分裂,可以提高数据业务的质量。

接下来,对数据业务信道的功率配置、资源调度算法等参数进行检查,看是否有影响数据业务性能的错误配置。

🛰 任务小结

本任务学习了室分项目验收;详细介绍了室分项目验收的指标要求,然后按照验收流程进行工程验收、业务性能验收。

※ 思考与练习

一、填空题

1. 进行验收前要制订验收计划,验收计划包括_____、_____、_____、_____和_____等内容。
2. 室分分布系统验收需要准备的工具有:_____、_____、_____和_____等。
3. 工程验收的内容包括_____、_____、_____、_____、_____、_____和_____。
4. 室内覆盖验收包括两个方面:一是_____的验收;二是_____的验收。
5. 室内覆盖验收测试主要测试的是_____及_____。
6. 加载测试,也称为压力测试,用于验证在_____的情况下室分系统的稳定性。
7. 加载测试后,要观察_____、_____在加载前后的变化情况,记录通话质量,以检验室分系统中有源器件的承受能力。
8. 室分系统的业务性能验收就是为了测试室分系统的_____能力。通过测试_____、_____和_____的各项指标,看它是否能够达到服务用户的"专业技能水平"。
9. 室内 CS 业务包括_____、_____。
10. 室内语音业务常发生的疑难问题是_____、_____、_____、_____、_____和_____等。

二、选择题

1. 在进行驻波比验收时,测试到的无源系统整体驻波比应( ),否则为不合格。
   A. <1   B. <1.4   C. <1.5   D. <1.8
2. 室内覆盖验收测试主要测试的是室内小区在典型位置的覆盖情况及在室外离建筑物( )m 处的外泄情况。
   A. 10   B. 15   C. 20   D. 25
3. 移动电话通话正常的语音质量的 MOS 值为( )分以下。
   A. 3   B. 3.2   C. 3.2~4   D. 4
4. 以下不是 3G 中的数据业务的是( )。
   A. PS64k   B. PS384k   C. HSDPA   D. EDGE

三、判断题(正确用 Y 表示,错误用 N 表示)

1. (   )多系统间干扰、系统内的同频干扰和室分系统本身的忙时、闲时没有关系。
2. (   )在 WCDMA 中,处于软切换区的用户数量不宜过多,也不能太少,一般在 30% 左右。
3. (   )室内覆盖的语音测试可采用短呼叫的方式进行测试。

工程篇　室分系统工程

4. (　　)串话是正常通话过程中,听到了第三个人的声音。

四、简答题

1. 请简述室分系统的验收流程。
2. 工程验收的内容包括哪些？
3. 告警数据包含哪些内容？
4. 室分问题分析定位包含哪两种方法？请简单说明。
5. 室分分布系统验收需要准备哪些工具？简要说明其功能。

附 录

缩 略 语

缩 写		英 文 全 称	中 文 全 称
A	AAL	ATM Adaptation Layer	ATM 适配层
	AC	Access Controller	无线控制器
	A/D	Analog to Digita	模数转换
	AP	Access Point	无线接入点
	ATM	Asynchronous Transfer Mode	异步转移模式
B	BBU	Base Band Unit	基带处理单元
	BSC	Base Station Controller	基站控制器
	BSS	Base Station Subsystem	基站子系统
C	CBC	Cell Broadcast Center	小区广播中心
	CBS	Cell Broadcast Servicer	小区广播业务
	CC	Call Control	呼叫控制
	CDMA	Code Division Multiple Access	码分多址
	CN	Core Network	核心网
	CPRI	Common Public Radio Interface	通用公共无线接口
	CQT	Call Quality Test	定点测试
	CS	Circuit-Switched	电路交换
D	DCH	Dedicated Channel	专用信道
	DPC	Destination Point Code	目的信令点编码
	DRX	Discontinuous Reception	非连续接收
F	FACH	Forward Access Channel	前向接入先到
	FDD	Frequency Division Duplex	频分双工
	FER	Frame Error Rate	误帧率
	FOMA	Freedom Of Mobilemultimedia Access	自由移动的多媒体接入
G	GPRS	General Packet Radio Service	通用分组无线服务
	GSM	Global System for Mobile Communications	全球移动通信系统
	GTP	GPRS Tunnel Protocol	GPRS 隧道传输协议

续表

缩写		英文全称	中文全称
I	iDAS	indoor Distributed Antenna System	室内分布系统
	IE	Informatica Element	信息单元
	IMSI	International Mobile Station Identity	国际移动台标识
	IP	Internet Protocol	互联网协议
	ISUP	Integrated Services Digital Network User Part	ISDN 用户部分
	ITU-T	ITU-T for ITU Telecommunication Standardization Sector	国际电信联盟电信标准分局
	IU	Iuinterface	CN 和 RNC 之间的接口
L	LAN	Local Area Network	有线局域网
	LAI	Localtion AreaIdentity	位置区码
	LTE	Long Term Evolution	长期演进技术
M	MAC	Medium Access Control	媒体接入控制
	MIB	Master Informatica Block	主信息块
	MM	Mobility Management	移动性管理
	MSC	Mobile Swith Center	移动交换中心
	MSU	Message Signalling Unit	消息信令单元
	MTP	Message Transfer Part	消息传递部分
N	NAS	Non-Access Stratum	非接入层
	NNI	Network Node Interface	网络节点接口
O	OAM	Operation Administration and Maintenance	运行维护与管理
P	PCP	Power Control Preamble	功率控制前导
	PDCP	Packet Data Convergence Protocol	分组数据汇聚层协议
	POE	Power Over Ethernet	网线供电
	PS	Packet Switched	分组交换
	PSTN	Public Switched Telephone Network	公用交换电话网
Q	QOS	Quality of Service	服务质量
R	RRU	Radio Remote Unit	射频拉远单元
V	VSWR	Voltage Standing Wave Ratio	电压驻波比
W	WLAN	Wireless Local Area Network	无线局域网
	WT	Walking Test	步测

参考文献

［1］陆建贤.移动通信分布系统原理与工程设计［M］.北京:机械工业出版社,2003.
［2］魏红.移动基站设备与维护［M］.北京:北京邮电大学出版社,2009.
［3］祈玉生.现代移动通信系统［M］.北京:人民邮电出版社,2009.